蘇聯超級軍武

戰略武器篇

多田將

目錄

前言

在本書開頭聊自己的私事實在有些不好意思，但是我從小就很喜歡蘇聯軍。別人聽到後一定都會立刻回問：「為什麼會喜歡蘇聯軍啊？」以尋常人的角度來看，軍事迷算是小眾市場，而在這個小眾的軍事世界中，喜歡蘇聯軍的人更是稀有的一群。

每個人的喜好不同，但我就愛「最強」、「最大」、「終極」的事物。所以對我而言，不斷開發出「人類最強武器」（R-36M2洲際彈道飛彈）、「史上最大潛艦」（蘇聯941型颱風級核潛艦）等所謂「超級武器」的蘇聯，當然就成了「非他莫屬！」的存在。

冷戰期間，身為「東線」盟主的蘇聯與「西線」盟主的美國，雙方之間其實缺乏交流互動。東線無法吸取西線的技術，只能從零開始摸索軍武的發展，所以在「西線」成員眼裡看來自然有很多「怎麼會設計成這副德性？」的武器。不過，仔細研究後卻能發現，這些都是蘇聯具體實現自己認為合理思維下的研發成果。當年在冷戰時期要「研究」蘇聯軍非常困難，不過隨著資訊情報逐漸開放，目前我們對蘇聯軍武能夠有更深入的了解。在資訊化社會的驅使下，我們得以揭開那神祕的面紗，一層層深入探索當年未能呈現在世人面前的模樣，這也是我撰寫本書的初衷，同時也期待能吸引更多讀者感受到這些獨特軍武的各種魅力。

深切希望各位讀完本書後，想法能從原本的「為什麼會喜歡蘇聯軍？」的疑惑，變成「怎麼能不喜歡蘇聯軍呢！」的贊同。

多田 將

R-36M2 洲際彈道飛彈（作者拍攝）

武器型號的標記 —— 西里爾字母

既然是蘇聯／俄羅斯的武器，本當以俄羅斯文（西里爾字母）來書寫，不過一般人對西里爾字母相當陌生，因此本書將依下述原則，解說文中的武器。

首先，第一次提到的武器會寫出西里爾字母，同時括號標註相對應的英文[例1]（若西里爾字母與英文相似，則會直接省略英文）。後續內容再提到該武器時，會以英文標示。此外，武器有特定暱稱時則會同時列出[例2]。

[例1] 洲際彈道飛彈「P-36M УТТХ[R-36M UTTKh]」
[例2] 洲際彈道飛彈「PC-28[RS-28] 薩爾馬特（Сармат）」

第2、第3、第4章會提到艦艇。針對這些艦艇軍武，會根據蘇聯／俄羅斯分類的「計畫編號」來標記，同時標示北約代號（NATO code name），寫法如下方[例3] 所示，會在括號中註明北約代號。蘇聯解體後，外界也開始認識俄羅斯艦艇的名稱（首艦名稱），西方世界則是以冠有首艦艦名的艦級來稱呼之，文中會像[例4] 一樣，在名稱後方括號寫出該艦艇的「通稱」。

[例3] 通用核潛艦「671PTM[671RTM] 型」（北約代號：維克托Ⅲ級）
[例4] 護衛艦「20380型」（通稱：守護級）

此外，西方世界較常使用的稱呼表現也會依照用途，並列於蘇聯／俄羅斯的正式標記中，請各位讀者知悉。

第1章
洲際彈道飛彈

作者拍攝

如同其名的「最終武器」

時至今日，俄羅斯和美國仍握有全世界九成的核武。實際上在冷戰時期，蘇聯和美國甚至擁有比當今還要多「一位數」的核武，成為他國無法匹敵的兩個超級大國。

核武雖然堪稱是人類開發出的最強武器，但是核武單獨存在時其實並不能發揮其武器價值，需要搭配合適的「搬運手段」，才能真正發揮其威力。搬運核武的方法，包含了彈道飛彈和巡弋飛彈所使用的「飛彈」，以及作為轟炸機時使用的「航空器」。

蘇聯／俄羅斯和美國都把飛彈和轟炸機視為戰略武器，不過兩者的存在卻是相互對照的。以運用範疇來看，轟炸機確實常用來搬運武器，不過一旦核戰全面開打，轟炸機根本無法贏過速度完勝的彈道飛彈。一整群轟炸機飛向敵國的景象確實很壯觀，可是當飛機耗費半天才終於抵達敵國的上空時，敵人發射的彈道飛彈可能早就已經把自己的家園給炸毀了。

話雖如此，開發彈道飛彈（戰略飛彈）不僅需要投入大量的資金和勞力，更是過去完全不曾真正投入戰場的武器。如果美俄現在挑起核戰，那麼彈道飛彈肯定會成為雙方的主要武器。這也意味著彈道飛彈成為一旦投入使用，世界就會走上末日的武器，成為如同其名的「最終武器」。

美俄這兩個超級大國所擁有的彈道飛彈，在冷戰期間都是處於隨時能夠發射的「戰備狀態」，這也意味著世界可能在半小時內毀滅。即便到了今日，美俄間仍維持能立馬開戰的「戰備狀態」。從一般軍武來看，各國間的實力或許差異不大，但從核武來看，美俄仍是其他國家無法匹敵的存在。

彈道飛彈的基本知識

1.1 什麼是彈道飛彈？

■墜落的人工衛星

在討論本章的主題──蘇聯彈道飛彈之前，請先容我簡單說明「彈道飛彈究竟是什麼樣的武器？」吧。

自從德國在第二次世界大戰投入史上首見的戰略火箭V1、V2後，截至目前為止，所有的對地飛彈皆是由V1和V2延伸發展而來。

V1延伸出巡弋飛彈，V2則延伸出彈道飛彈。兩種飛彈的差別在於巡弋飛彈又稱作「無人飛機」，能透過機翼產生升力，並利用引擎推進，可水平飛行於大氣層中朝目標前進；彈道飛彈則只有發射時會借助引擎推力，發射後便會隨著重力沿著軌道往下墜，就像人工衛星一樣，以地球重心為其中一個焦點繞行橢圓軌道（有些人會以「拋物線」形容彈道飛彈的軌道，但其實這是錯誤的說法）。說穿了，彈道飛彈其實就是「朝地面墜落的人工衛星」。

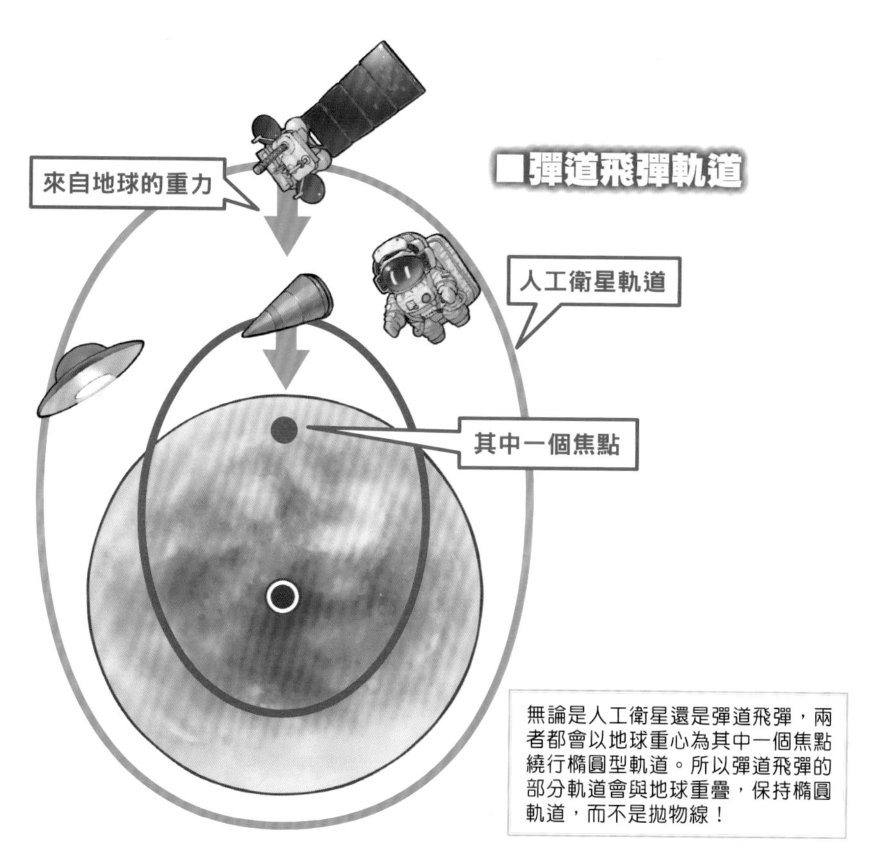

■速度之快難以攔截

巡弋飛彈為了產生升力，必須飛行於大氣層內（有空氣的範圍）。如果從上空俯瞰巡弋飛彈的飛行路徑，看起來會像是覆蓋著地表飛翔。反觀彈道飛彈，基本上是處於無動力的墜落狀態，以設計的角度來看，自然會希望能快速通過有空氣阻力的大氣層，所以彈道飛彈的軌道多半落在大氣層之外，這也使得彈道飛彈的速度遠快於巡弋飛彈。

目前主流的次音速、最高速巡弋飛彈速度為4馬赫，就連俄羅斯正在開發的「極音速有翼飛彈」也無法超過10馬赫，但卻有著最高速能超過20馬赫的彈道飛彈。正因為這天差地遠的速度之別，才能讓彈道飛彈擁有「超級武器」之名。

這無可匹敵的速度也帶來了兩大「優勢」，第一是攔截難度高。如果對應的武器速度贏不過彈道飛彈，將無法成功攔截，這時只能預測飛彈軌道，使對應的武器在某個時間點先到某處等待「會合」，迎擊飛來的飛彈。不過，想要先抵達某個定點，與飛行速度達20馬赫超高速、射程遠達10,000公里幾乎可繞行地球，且彈頭尺寸僅約1公尺的物體「會合」絕非易事，這等待會合的時間實質上只有0.0001秒。

另一個優勢，是對方能夠反應的時間極短。一開始也有提到，洲際飛彈從發

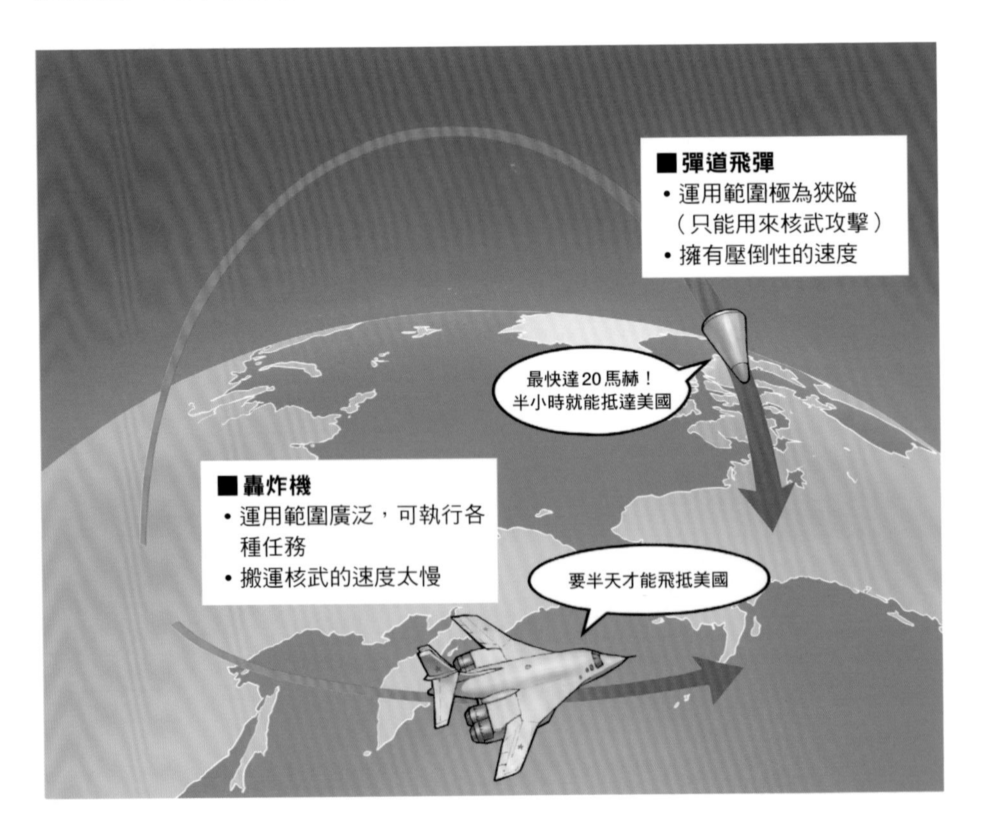

射至擊中目標物只需要短短半小時，所以必須在半小時內偵察發射情況、掌握飛彈軌道、預測飛彈落點，甚至決定是否要反擊。這與相同距離要花半天飛行才能抵達目的地的轟炸機相比儼然是不同層次的武器。以目前的情況來看，俄羅斯和美國這些飛彈超級大國萬一真的發射彈道飛彈，基本上將無人能夠招架（以日本為例，當前部署的飛彈防禦系統只能抵擋少數的彈道飛彈）。也因為如此，現在其實還未出現足以與彈道飛彈並駕齊驅的武器。

■美俄的距離和戰略武器的定義

本章會從彈道飛彈中，針對又有「戰略武器」之稱的洲際彈道飛彈加以討論。所謂的「戰略武器」，是指能夠橫跨戰場，直擊敵方中樞的武器，所以能否入列戰略武器的標準，基本上取決於「和對手國的距離」。舉例來說，若是邊境相接的鄰國，短射程的武器便足以稱作戰略武器。但如果像是蘇聯（俄羅斯）與美國這類相對位處地球兩端的國家，那麼武器的射程距離必須超過數千公里才稱得上是戰略武器，洲際彈道飛彈也就此誕生。由於美俄兩個超級大國是冷戰期間的主角，因此彈道飛彈是依據兩國的位置和距離加以分類，並予以定義。洲際彈道飛彈之所以會定義為「射程須超過5,500公里」，正是因為兩國本土間的最短距離不超過5,500公里（不算入夏威夷與阿拉斯加）。會使用「洲際」一詞，也是因為兩國位處不同的大陸。

話雖如此，蘇聯和美國盟友的歐洲各國其實也處於對峙關係，與這些國家的距離又比美國本土近上許多，對於牽涉其中的歐洲各國，短程彈道飛彈也算是

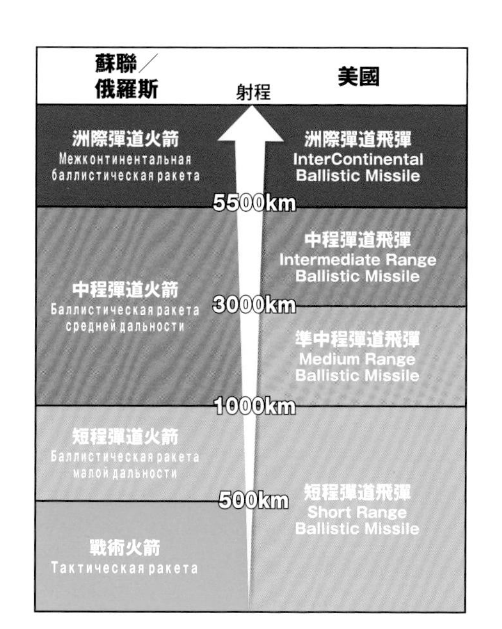

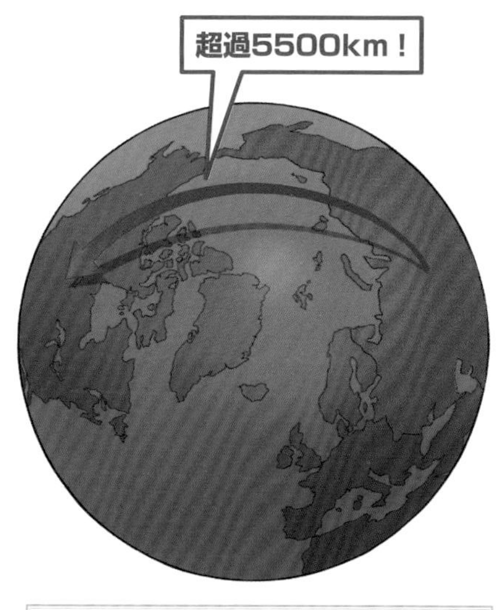

洲際彈道飛彈之所以定義為「射程須超過5,500公里」，是因為蘇聯與美國兩國所在大陸的最短距離約為5,500公里。

◆「飛彈」與「火箭」

無論是軍用飛彈，還是太空開發用的火箭，在俄羅斯語裡都叫作「Ракета」(Raketa)。火箭技術發展先驅的德國，同樣將兩者統稱為「Rakete」。對俄羅斯和德國而言，包含彈道飛彈、巡弋飛彈、對空飛彈的所有飛彈都屬於「火箭」，像是巡弋飛彈在俄羅斯就稱作「有翼火箭」。

本書談的是蘇聯軍武，本希望都以「火箭」稱呼武器名稱，但考量讀者大哥對火箭可能會有不同的解讀，因此說明中會以「飛彈」稱之。但若是專有名詞或有其說明之必要，則會特別使用「火箭」一詞，請各位見諒。

(作者拍攝)

戰略武器。前頁下方彙整了蘇聯／俄羅斯的彈道飛彈分類表，供各位參考。

1.2 液態燃料與固態燃料

■液態燃料與氧化劑

接下來也想簡單說明一下，閱讀本章前必須具備的技術知識。首先要來談談讓彈道飛彈升空的燃料，燃料大致上可區分為「液態燃料」與「固態燃料」。

液態燃料包含了汽車使用的汽油與航空燃料，當大家聽聞「燃料」二字時，通常會聯想到這類燃料，屬於較為人熟知的種類。其實早期彈道飛彈的燃料是使用酒精和煤油（燈油與噴射機燃料的主成分），彈道飛彈與我們乘坐的「飛行器」最大的差異，就在於前者會飛出大氣層外。這代表彈道飛彈必須在沒有空氣（氧氣）的環境中燃燒燃料，因此搭載燃料的同時，也要運載氧化劑。

說到氧化劑，大家最先想到的當然就是氧氣，不過直接運載氧氣可是會遇到問題。氧氣在常溫下為氣體，直接送氣體上天實在太占空間；但如果像氧氣瓶一樣將氧氣壓縮，氣瓶瓶壁必須採耐壓設計，又會導致過重，並不適合彈道飛彈。如此一來就只能改成搭載液態氧，但是氧的沸點非常低，為－183℃，無法長時間保存於飛彈裡。每當要發射時再填裝液態氧的話，對於講究即時性的飛彈而言可是致命的缺點。

正如前文所述，即便是長射程的洲際彈道飛彈，射抵目的地或目標物的時間不過也就半小時，在運用上講究分秒必爭，所以目前的彈道飛彈已不再使用氧氣（反觀不必講究「分秒必爭」的太空開發用火箭，目前的主流趨勢仍是將液態氧作為氧化劑）。

那麼，彈道飛彈就必須使用能長時間貯存於槽內，且常溫下為液體的燃料及氧化劑。目前較常見的燃料為偏二甲肼(Unsymmetrical dimethylhydrazine，UDMH)，氧化劑為四氧化二氮。雖然說可以常溫貯存，但是從名稱來看，各位應該也可以察覺到這些物質「不好處理」。沒錯，這些物質不僅對人體有害，甚至能腐蝕金屬（！），因此貯存槽的材質就非常重要。所幸，高強度且重量輕的鋁合金材質符合偏二甲肼和四氧化二氮須具備的耐性。俄軍目前是用

■彈道飛彈種類——液態燃料與固態燃料

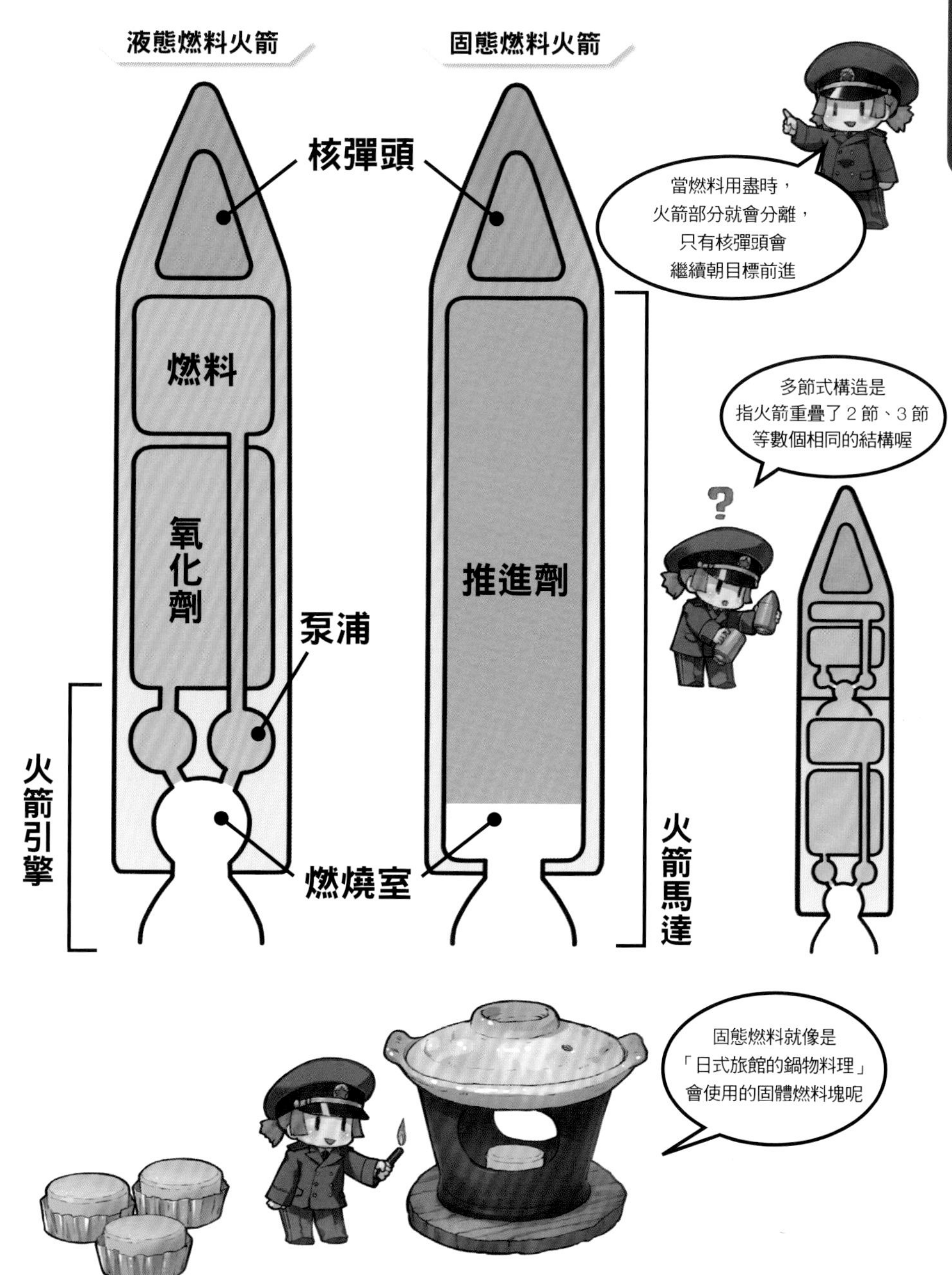

一種名為「AMr6」的鋁鎂合金，用以製作液態燃料洲際彈道飛彈的燃料／氧化劑貯存槽（以及彈體外殼）。

也因此，目前的液態燃料彈道飛彈已經能直接將燃料和氧化劑填入飛彈備用。以蘇聯／俄羅斯的重型洲際彈道飛彈R-36M2為例，接獲發射指令後，只需62秒的時間就能執行發射任務。

■固態燃料

不過，長時間將有腐蝕性的危險液體置於貯存槽內，怎麼想都不是好事；而相對更為穩定的固態燃料在保存上較具優勢。畢竟（長射程）彈道飛彈過去未曾實際投入戰爭中，數十年皆處於待機備用狀態，更何況是一直潛行在距離本國遙遠海中的潛艦，搭載於艦內的彈道飛彈歷史更是悠久。

固態燃料包含了燃料和氧化劑皆為固體的類型，以及成分為無須使用氧化劑的火藥（意即成分本身就具備氧化劑功效）。彈道飛彈初期所使用的固態燃料為後者，以硝化纖維（nitrocellulose）和硝化甘油（nitroglycerin）混製而成的雙基火藥（以兩種火藥混製※1）。

其後，人們又發明了類似前者（燃料和氧化劑皆為固體）的複合推進劑。簡單來說，「推進劑」在這裡是指燃料和氧化劑的總稱。複合推進劑完全是為了彈道飛彈所開發，一般而言，複合推進劑的燃料會使用鋁，氧化劑會使用過氯酸銨，兩者皆為粉末，因此還要有膠合劑（binder）才能固定，而膠合劑本身也是種燃料。人們最開始是以橡膠類物質作為膠合劑，而後以雙基火藥作為膠合劑的飛彈也隨之問世；除此之外，聚乙二醇（PEG）等各種物質同樣能作為膠合劑的成分，從配方組成更能看出推進劑開發者的功力水準。近幾年的彈道飛彈還會在推進劑裡添加高性能炸藥奧克托今（HMX），令飛彈的表現更加突出。以美軍為例，三叉戟Ⅱ型（UGM-133 Trident Ⅱ）潛射彈道飛彈的推進劑就含有四成HMX，推進劑本身就相當於一枚炸藥。

■兩者的優缺點

液態燃料彈道飛彈會分別搭載燃料槽和氧化劑槽，透過泵浦吸取，於燃燒室混合點燃後，再從噴嘴噴出燃燒氣體產生推力。其中，泵浦、燃燒室、噴嘴一體成形的設計又稱作「火箭引擎」。只要調整泵浦的噴吸量就能調整推力，也能輕鬆停止或重啟運作。

固態燃料彈道飛彈的結構中，填裝固態燃料處（稱作「發動機外殼」）的下方會與噴嘴相連，這整個區域叫作「火箭馬達」。整個外殼內部皆為燃燒室，燃燒氣體會從噴嘴噴出。少了泵浦的固態燃料飛彈構造雖然更為簡單，成功執行率更高，相對地卻也不能在過程中停止燃燒或重新點燃。

彙整液態與固態燃料的優缺點後，會發現固態燃料的優勢在於容易保管與貯藏，但是無法停止燃燒／重新點燃，因此設計時必須充分考量此一特性。液態燃料在保管貯存的表現雖然相對拙劣，卻能製作出效率佳、性能更強大的彈道飛彈。就算是大型的固態燃料飛彈，可承受的發射重量最重也就100噸，不過目前已實際發射成功的液態燃料飛彈中最重可超過200噸。

美國的地面發射彈道飛彈從很早期就著重於固態燃料的開發，潛射彈道飛彈更是百分百採用固態燃料。反觀蘇聯，則是充分發揮液態與固態各自的優點，無論是洲際彈道飛彈或潛射彈道飛彈，都結合了兩種型態的燃料，目前俄羅斯也朝此方向繼續開發。

※1：使用一種火藥稱作單基，混合兩種為雙基，結合三種則是三基火藥。

1.3 發射方式

■地下發射井

接著要向各位說明，彈道飛彈技術相關知識當中的發射方式。地面發射彈道飛彈在設計之初，其實就和太空用火箭一樣，會從固定於地面的發射台發射升空。可是這樣的發射方式，不僅令飛彈的存在曝光，全世界一覽無遺，也無法抵禦攻擊，實在難登戰場，因此只能說是開發歷程中過渡時期的設計。

緊接著，「發射井」隨之問世，更是洲際彈道飛彈的主流發射方式。發射井的英文「silo」，原本是指用來儲存農作物或飼料的圓筒穀倉，在日本北海道地區相當常見。由於結構上十分相似，因此用來收納彈道飛彈的圓柱形地下發射設施也就被稱為silo。發射井位於地面之下，會以混凝土製成，是相當有厚度的圓柱形結構物，還會搭配上極厚的鋼製井蓋，結構堅固，能抵禦敵人的先發攻擊。

此外，飛彈在發射井內採懸吊設置，同時搭載防震系統，能夠減少核攻擊帶來的衝擊。所謂的核攻擊，是指透過核爆所產生的衝擊波以期破壞目標物，而蘇聯的發射井能承受超過100大氣壓的衝擊波壓力。一般認為，要對發射井確實造成破壞的衝擊波壓力至少要340大氣壓，目前也只有核武能形成如此驚人的大氣壓。

發射井的發射方式又可分成兩種。一種是直接在井筒內將燃料點燃的「熱發射」（hot launch），不過這種方式會使井內接觸燃燒氣體，因此發射後只能隨即報廢，或是選用可耐高溫的結構。另一種方式稱為「冷發射」（cold launch），是在井內填充氣體，利用氣體壓力讓飛彈射出發射井後，再點燃裝置，那麼發射時就能避免發射井受損。

美國現役的義勇兵三型洲際彈道飛彈（LGM-30 Minuteman）屬熱發射型，蘇聯／俄羅斯的則幾乎是冷發射型。從發射井的剖面來看，可以看見彈道飛彈被放在一個筒狀物中，這其實是飛彈從工廠運送至發射井時的狀態，整組裝置稱作「運輸發射筒倉」[※1]。接著會將筒倉直接填裝入發射井，發射時則是在筒倉內填裝氣體，形式上類似迫擊砲，因此俄文又稱為「迫擊砲發射」[※2]。

※1：俄文為Транспортно-Пусковой Контейнер，縮寫為ТПК（TPK）。
※2：俄文為Миномётный старт。

■難以攔截的機動發射

除非遭到核武直擊，否則發射井堅固的結構是能夠抵禦其他武器的攻擊，不過其實還有一種根本性的防禦方式，那就是——變換位置，讓對手無法瞄準。世界第一款彈道飛彈——德國納粹的V2火箭，便是採用機動發射。以當時的V2來說，會先將火箭運送至發射地點，架設於發射台後再發射，但這樣的方式相當缺乏機動性。現在則是會在運送車輛上搭載發射台，豎起發射台後，就能夠直接發射飛彈。這種車輛又稱作「直立發射器運輸車」（Transporter Erector Launcher，TEL）。

這種發射方式常見於短距彈道飛彈，

發射井截面圖模型。筒狀造型的部分就是「運輸發射筒倉」。俄文稱發射井為「Шахтная Пусков ая Установка」（ШПУ）。шахтная 指礦山豎坑，直譯為「（礦山）豎坑式發射器」，用來形容這個地下發射裝置可說是相當到位呢。（作者拍攝）

RT-23 UTTKh 發射井 15 P 760 的頂部。如此厚實的上蓋、壁面與防震結構，能承受 100 大氣壓的衝擊波。圖片裡的上蓋外側材質為銅，內部則填入了石蠟。遭受核武攻擊時，石蠟可遮蔽掉會大量釋放的中子輻射。周圍小小的塔狀物則是衛星通訊天線。（作者拍攝）

世界上最大量投入戰爭中的R-11／R-17（飛毛腿飛彈）也是採用機動發射（但是R-11／R-17並未使用發射台，飛彈直接外露）。波灣戰爭（1991年）時，美軍雖然展開獵殺伊拉克飛毛腿飛彈的行動，但真的在飛彈發射前就予以破壞成功的次數卻寥寥可數，可見機動發射是多麼難以捉摸。

蘇聯的洲際彈道飛彈便是結合這種發射方式，目前更是俄羅斯的主要核戰力。

◆彈道飛彈的名稱

蘇聯／俄羅斯的戰略武器，會和下述情況一樣出現多種「名稱」（編號）。

①正式名稱（例：P-36M2[R-36M2]、PT-23УТТХ[RT-23UTTKh]）
本書多半會以此名稱說明武器，若有特定名稱（例：白楊、司令官）也會列出。

②以「PC[RS]」為首的編號（例：PC-24[RS-24]）
PC[RS]是「Ракета Стратегическая」（飛彈系統）的簡稱，蘇美（俄美）簽訂削減戰略武器條約時，為方便雙邊理解所訂定的名稱。針對部分正式名稱未釐清的彈道飛彈會以此稱之。

③DoD編號（例：SS-18 Mod 6）
冷戰時期，美國國防部（Department of Defense，DoD）對於資訊有限的蘇聯武器獨自分類註記的編號。彈道飛彈的編號為「SS-○○」。

④北約代號（例：撒旦）
北大西洋公約組織（NATO）獨自為蘇聯軍武分類註記的編號，狀況同上述③。彈道飛彈會取以「S」開頭的名稱。

另外還有蘇聯／俄羅斯飛彈砲兵裝備總局（GRAU）訂立的分類編號「飛彈砲兵裝備總局索引」，但本章並未使用。

1.4 彈道飛彈的飛行路徑與彈頭

■彈道飛彈構造——多節式

彈道飛彈的內容物基本上都是由推進劑構成。「R-36M2」液態燃料彈道飛彈的推進劑就占了九成，固態燃料式「RT-23UTTKh」的推進劑也占了八成之多。填裝有推進劑的槽體或發動機外殼，在推進劑用盡後只會變成負擔累贅，因此這些裝置會於飛行過程中分離，此設計的飛彈又稱為多節式飛彈，以長程洲際彈道飛彈來說，液態燃料飛彈多半為二節式，固態燃料則較常見三節式。當最終段分離後，彈道飛彈需要運送的酬載就只剩「彈頭」了。

彈道飛彈發射後，推進劑會燃燒（燃料用盡的飛彈「節段」將會脫離），讓飛彈加速、上升，此飛行區間又名為升空階段（boost phase）。液態燃料飛彈的升空階段為4～5分鐘，固態飛彈則約為3分鐘，僅有這個區間能夠控制飛彈何去何從。在分離階段後，飛彈就只會隨著重力畫出單純的橢圓軌道，所以升空階段這短短幾分鐘的精度，將影響飛彈於數千公里之外的彈著精準度。

■高度技術的多彈頭型

彈頭受重力影響，會畫出橢圓軌道（midcourse phase，中途階段），重新回到大氣層（terminal phase，終端階段）。基本上，一般洲際飛彈的終端階段不會超過1分鐘。

彈頭會被放入最適合用來重返大氣層的圓錐形容器裡，英文名為「Reentry Vehicle」（重返載具），俄文則有「戰鬥裝置」[※1]的意思。重返載具會暴露在超過6,000℃的高溫下，所以需要能保護內部彈頭和控制儀器的特殊技術。彈頭種類又可分成搭載一顆彈頭（單彈頭）與多顆彈頭，多彈頭型的俄文又有「分導彈頭」[※2]的意思（英文名為「MIRV」[Multiple Independently-targetable Reentry Vehicle]，多彈頭獨立目標重返大氣層載具，亦稱「分導式多彈頭」）。

多彈頭彈道飛彈搭載多個「區段」，這些「區段」都備有能控制方向、名為「分導節」[※3]的引擎，每個彈頭都能調整方向，進入不同軌道，朝各自的目標物前進。此結構會影響彈著精準度，因此需要非常高度的技術。英文又將分導節稱作「PBV」（Post-Boost Vehicle，終端推進器），此區段則名叫推升後階段（Post-Boost Phase）。

■利用空氣力學改變軌道

一般的重返載具僅會隨著重力下墜，但在冷戰期間，蘇美兩國皆開發出利用空氣（升力）改變軌道的重返載具。像是美國就在「潘興二型」（Pershing Ⅱ）彈道飛彈上搭載了能夠機動發射的「可操縱重返載具」（Maneuverable Reentry Vehicles，MaRV）。蘇聯同樣為洲際彈道飛彈開發了具備相同功能的「誘導戰鬥裝置」[※4]。

蘇聯甚至開發了名為「Альбатрос」（信天翁）的滑空型彈頭，這種彈頭能夠徹底發揮空氣阻力，於終端階段滑飛1,000公里之遠。信天翁當年雖然沒有在實戰中亮相，但近年俄羅斯又重啟研究，完成了受各界關注的洲際飛彈用高超音速彈頭「Авангард」（先鋒），作為次世代的核武運輸手段（關於「先鋒」請參照P.127）。

以上是針對彈道飛彈的說明，想要了解更多的讀者，歡迎詳閱拙著《彈道飛彈》（日本明幸堂出版）。

※1：俄文為Боевые Блоки，縮寫為ББ（BB）。
※2：俄文為Разделяющиеся Головные Части，縮寫為РГЧ（RGCh）。
※3：俄文為Ступень разведения。
※4：俄文為Управляемый Боевой Блок，縮寫為УББ（UBB）。

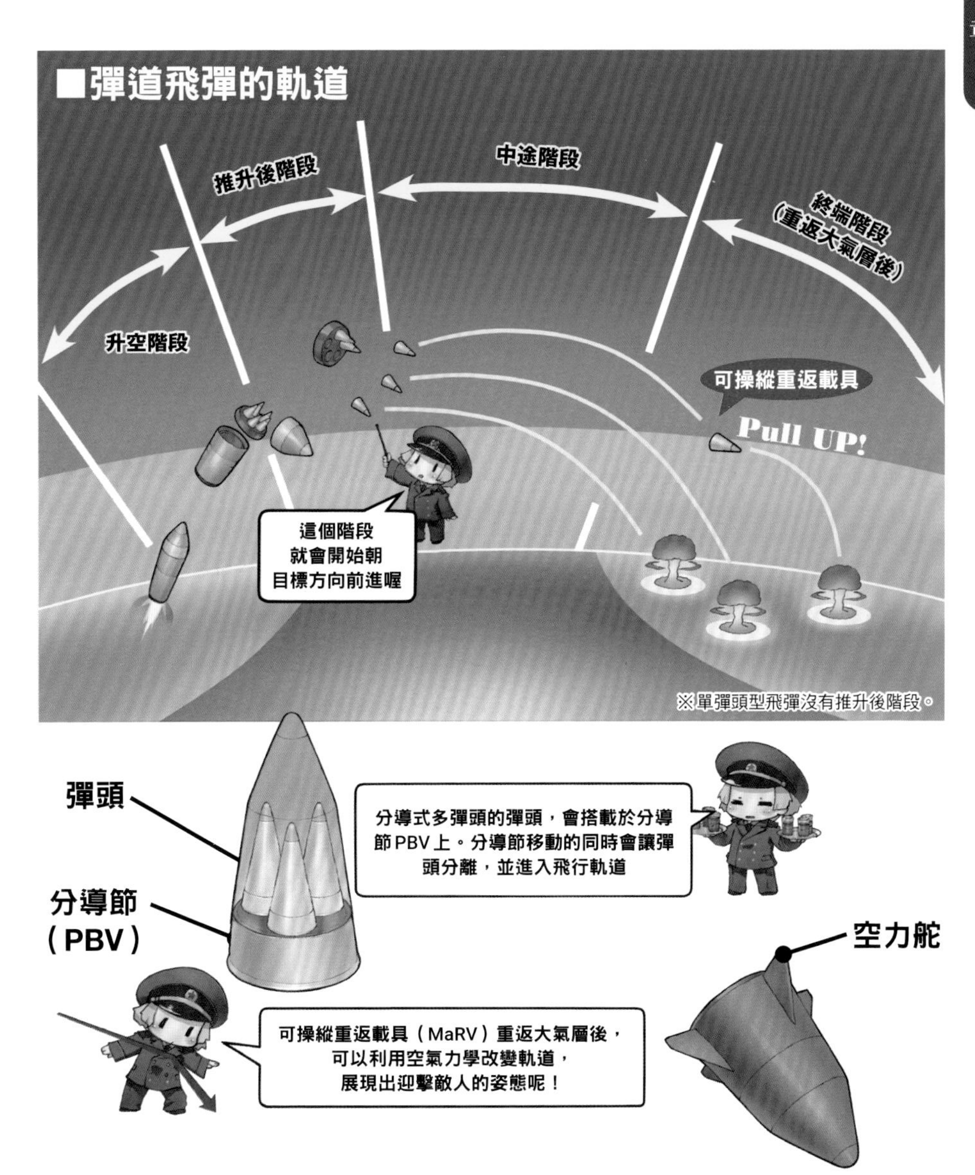

1.5 彈道飛彈開發之路的黎明

■竊奪德國戰後遺產

前述鋪陳似乎長了些，接著就來聊聊蘇聯洲際彈道飛彈的開發史。

人類開發的所有彈道飛彈之祖在前面也曾提到，那就是出自德國之手的V2火箭。二次世界大戰（蘇聯稱為「大祖國戰爭」）德軍敗北後，同盟國爭相獲取德國的武器技術；再加上彈道飛彈是其他國家沒有的跨時代新武器，因此自然也引來蘇聯的垂涎。然而，以馮・布朗（Wernher von Braun）為首的科學家團隊最終投誠美軍，而當蘇聯紅軍攻占德國後，只得到末端的技術人員與現有的V2火箭。美國也得以步上由馮・布朗領頭的彈道飛彈開發之路，反觀蘇聯只能透過手中的V2火箭獨自摸索研究。

蘇聯為了開發彈道飛彈，成立「第1實驗設計局」，由謝爾蓋・柯羅列夫（Sergei Korolev）擔任局長，而柯羅列夫最後更與馮・布朗並駕齊驅，人稱「火箭之父」。

■目前投入太空開發運用

柯羅列夫率領開發團隊執行的第一個任務，就是運用當時蘇聯境內可以取得的材料及零件，重現V2火箭，完成了蘇聯飛彈的始祖── **P-1**［**R-1**］。「P」是指「**Ракета**」（火箭）的字首。接著蘇聯更結合許多獨到的改良技術，發展出**P-2**［**R-2**］，持續朝彈道飛彈開發之路前進。

最後，柯羅列夫成功開發出「**P-7**［**R-7**］」洲際彈道飛彈，憑此確立屹立不搖的地位。R-7飛彈外形狀似烏賊，長了許多「腳」，造型非常具特色。飛彈的四隻「腳」為第一節火箭，被這些「腳」圍繞的中心軸上搭載第二節火箭。第一和第二節火箭會同時點燃，但第一節的燃料會先行用盡，第二節（還有第三節以及彈頭）感覺就像是「搭在第一節火箭上」，所以第二節繼續爬升的同時，第一節則是會受自重影響而下墜。當中並沒有用到任何特殊技術，只搭配了第一節的分離裝置與第二節的點火系統，可以說既簡單又獨特。從地面觀察火箭分離的瞬間，會看見第一節的四枚火箭就像「花瓣綻開」一樣，與中間的第二節火箭分離並墜落，整個過程十分美麗。另外，第三節火箭則裝在第二節之上，在與第二節分離的瞬間會同時點燃。

R-7飛彈除了是世界上最早出現的彈道飛彈之外，更作為太空開發火箭運用，為蘇聯帶來莫大的成果。其中較有名的例子，包含1957年10月4日蘇聯成功發射人類史上第一顆人工衛星史普尼克1號，以及1961年4月12日首次將太空人加加林（Yuri Gagarin）送上宇宙。更令人訝異的是，1950年代問世的R-7飛彈有一系列的衍生型號（例如為人熟知的「聯盟」[※1]），時至今日仍持續將人類和物品設備送上太空。柯羅列夫的團隊是如何完成這些設計呢？想必箇中有很多故事可以說呢。

■作為武器的極限

R-7火箭雖然成功投入太空開發，可是作為彈道飛彈，卻只稱得上是剛進入

蘇聯的火箭始祖

P-1 R-1／P-2 R-2

▷德國納粹的V2火箭

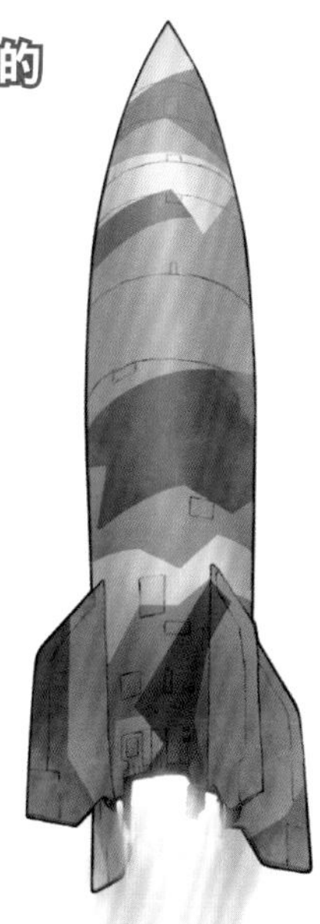

▷R-2

◁R-1

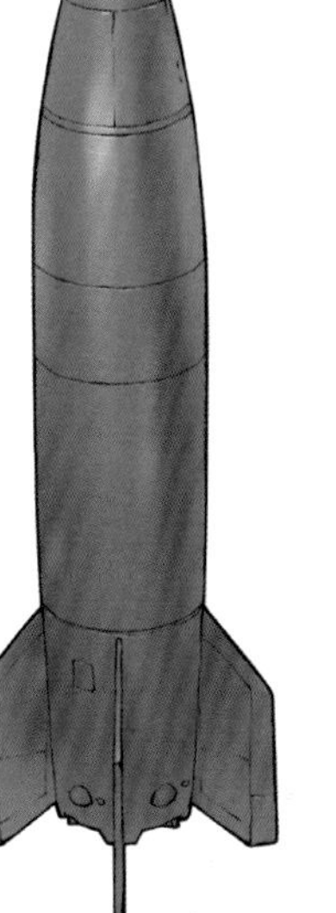

長得好像烏賊啊！
「烏賊腳」
是第一節火箭，
中間才是第二節火箭
太空開發用火箭「聯盟」
是從R-7衍生而來，
過了50年直至今日
還在服役呢！
人類史上第一枚洲際彈道飛彈
Р-7 R-7

如何實際運用的「研究階段」。其中最大的理由，在於R-7是取液態氧作為氧化劑。如前文所述，液態氧無法直接存放於貯存槽，缺乏機動性。發射重量重達270噸；再加上R-7必須從地面的發射台發射，算是實用性很低的武器（如烏賊般的造型也不適用於後來成為主流的發射井）。

繼R-7之後開發問世的是「**P-9[R-9]**」，R-9的發射重量控制在80噸，形狀也變成了俐落的圓柱形，能輕鬆填裝入發射井。雖然R-9的射程大幅提升，填充液態氧的時間也縮短為20分鐘，但這些改變不過就只是讓R-9變得比較「正常一點」罷了。

第1實驗設計局完成R-9後，隨即便停止武器研究，轉投入太空用火箭的開發任務。

※1：俄文為「Союз」，英文轉寫為「Soyuz」。

1.6 最強戰略武器——重型洲際彈道飛彈

■可實際發射的彈道飛彈問世

揚格利（Mikhail Kuzmich Yangel）原本在柯羅列夫領軍的設計局旗下工作，後來在1954年獨立，轉任位於烏克蘭第聶伯羅彼得羅夫斯克（今聶伯城）的「第586實驗設計局」的局長。揚格利率領的第586實驗設計局，不僅開發出「**P-12[R-12]**」、「**P-14[R-14]**」中程彈道飛彈，更集結了相關技術，成功開發出「**P-16[R-16]**」洲際彈道飛彈。這些彈道飛彈使用了可直接填裝貯存於飛彈內的氧化劑，可實際發射的彈道飛彈就此問世[※1]。

R-16彈道飛彈的直徑為3公尺，發射重量達140噸，非常龐大。這枚飛彈不僅是象徵蘇聯的「重型洲際彈道飛彈」的始祖，其後更延續開發出一系列的飛彈。另外，蘇聯自R-16起便開始改採發射井發射，不難看出蘇聯更認真投入戰略武器的開發。

「**P-36[R-36]**」是R-16飛彈的放大版，重量180噸，投射重量超過5噸。為了把R-36這龐然大物推至大氣層之外，第一節火箭搭載了3座分別裝有一組泵浦和兩組燃燒室&噴嘴的火箭引擎。燃燒氣體從6組噴嘴噴出時的氣勢實在磅礡無比。再者，蘇聯自R-36開始分別使用偏二甲肼和四氧化二氮作為燃料和氧化劑，這個組合到了今日仍是液態燃料彈道飛彈的標準搭配。燃料與氧化劑填裝入R-36飛彈後甚至可存放7年之久。

■P-36系列的發展

R-36系列後續又開發出「**P-36П[R-36P]**」、「**P-36M[R-36M]**」、「**P-36M УТТХ[R-36M UTTKh]**」，最後更一舉進化成史上最強的洲際彈道飛彈——**P-36M2[R-36M2] Voyevoda**（Воевода，司令官），被視為抗美的「最後王牌」。接著就讓我依序說明此系列的發展。

R-36原本搭載了規格為800萬噸或2,000萬噸的單彈頭，但發展至R-36P時，改為搭載230萬噸彈頭×3枚的分導式多彈頭，因此一枚彈道飛彈能攻擊多個目標。

R-36M最初被定位成「改良版R-36」[※2]，但實際上第一節引擎換成了由1組泵浦和4組燃燒室&噴嘴組成的火箭引擎，其變化之大，足以堪稱全新規格的飛彈。彈頭的規格選擇包含了單彈頭（800噸或2,000萬噸）、40萬噸×10枚的分導式多彈頭、100萬噸×4枚，以及40萬噸×6枚的混搭型分導式多彈頭（從中擇一），且可維持10年以上的待機發射（燃料填裝狀態）。

另外，同系列衍生出的「**Р-36орб [R-36orb]**」，是將彈頭帶至衛星軌道的高度後，再朝地上的目標物墜落，從發射原理來看，可說是射程沒有任何限制的「全球攻擊系統」。蘇聯自1968年起便配置了總計18枚R-36orb備戰，但是受美蘇（第二次）削減戰略武器條約的約束，R-36orb於1983年全面除役。

同系列接著朝提升分導式多彈頭性能的R-36M UTTKh※3發展，最終走向堪稱是集大成的R-36M2。R-36M2原本是由揚格利負責開發，可是在1971年揚格利過世後，便改由烏特金（Vladimir Fyodorovich Utkin）接手。

■西方極為恐懼的「撒旦」

R-36M2的直徑為3公尺，發射重量更達211噸，不僅是體積龐大的彈道飛彈，亦是冷戰所誕生的「怪物」。美國義勇兵三型（LGM-30）洲際彈道飛彈的發射重量為35噸，兩者相比較後，相信各位都能體會到前者的龐大程度。

R-36M2最大射程達16,000公里，最大投射重量為8,800公斤。彈頭的規格選擇包含了單彈頭（800萬噸或2,000萬噸）、75萬噸×10枚的分導式多彈頭、75萬噸×6發，以及15萬噸機動式核彈頭（誘導戰鬥裝置）×4枚的混搭配置（從中擇一）。

R-36M2不僅體積龐大，投射重量可觀，在性能面上也做了各種改良。

- 縮短接獲指令到發射所需的時間。
- 提升火箭引擎推力，縮短容易被偵測到且防備力最弱的升空階段時間。
- 考量可能需要出動核武迎擊※4或是在核武攻擊下發射飛彈，飛彈本身有抗輻射塗層加工，提升輻射耐受度。
- 改良分導節，提升彈頭命中率。更擴大了一枚飛彈可攻擊的目標範圍（彈頭的投入範圍更大）。
- 待機備用狀態延長至15年。

R-36M2自1988年開始投入實戰配置，在本書撰寫時，俄軍仍有46座的R-36M2系統服役中。冷戰期間，西方集團甚至將R-36M2（以及同系列的M、M UTTKh飛彈）取名「撒旦」，就不難想像其可怕程度。

1991年蘇聯解體後，設計局所在的烏克蘭獨立建國，R-36系列的發展也就此斷路。但俄羅斯深知這枚「最後王牌」的價值，於是運用自家技術，重新設計R-36M2，著手開發新的重型洲際彈道飛彈「**РС-28〔RS-28〕薩爾馬特**」（Сармат，薩爾馬特人）。

※1：R-12使用過氧化氫作為氧化劑，R-14與R-16則是使用硝酸與四氧化二氮的混合物。
※2：蘇聯會在改良型的武器名稱中加入「Модификация（改良型）」的「M」字，英文標示同樣是「M」。
※3：УТТХ是「Улучшенными Тактико-Технические Характеристики」的縮寫，也就是「戰術技術特性提升（改良）」的略稱，和「M」一樣都是改良型常見的說法。英文轉寫則是「UTTKh」。
※4：冷戰時期並不會像現在一樣，用直擊的方式迎擊彈道飛彈，而是在敵軍重返載具附近啟動核爆（中子彈），透過中子對控制儀器造成破壞或無法正常作動，令敵方的核彈頭提前引爆或失效。

史上最強的洲際彈道飛彈

P-36M2
R-36M2 司令官

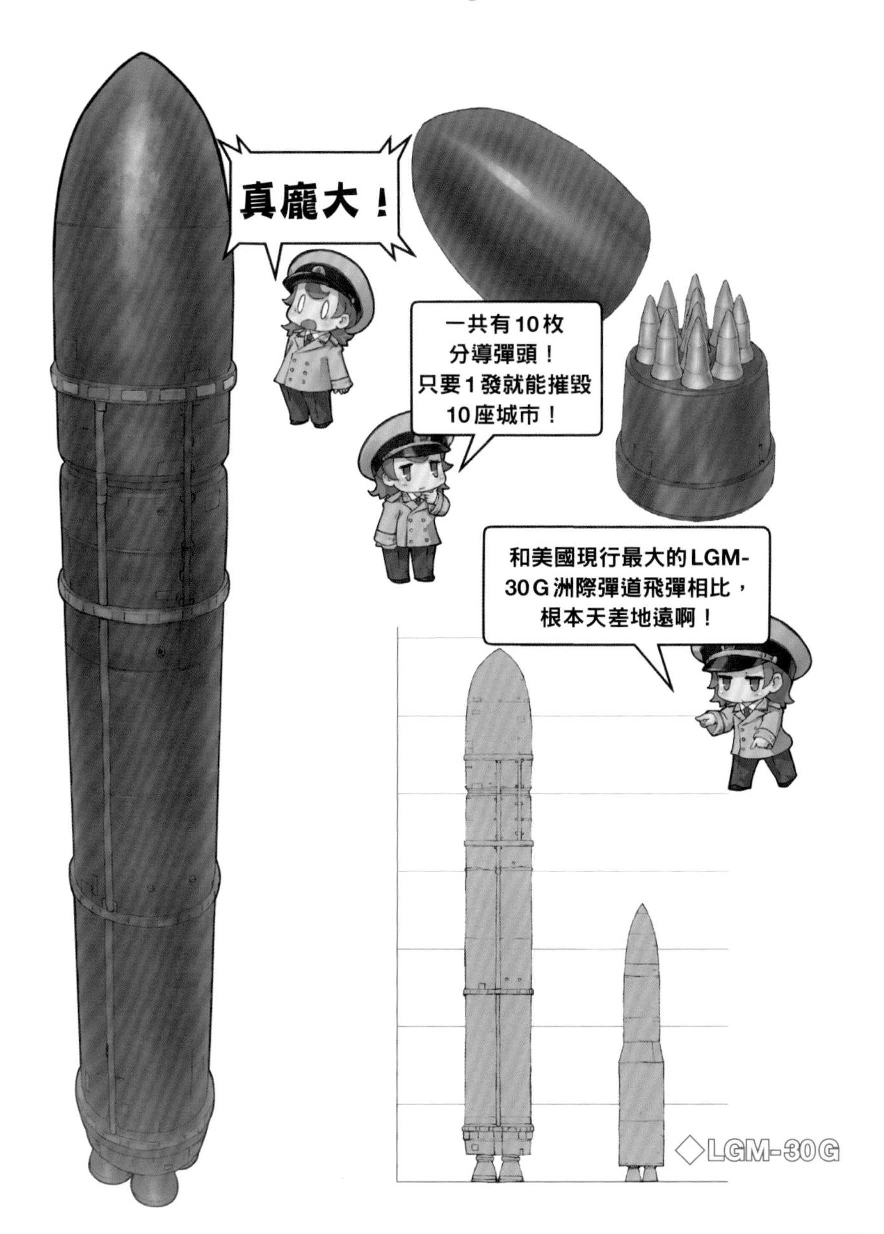

人類最強武器——R-36M2，也是西方國家深感恐懼的「最後王牌」。

R-36M2的噴嘴。嵌有銀色護蓋，底部有個綠色突起物，是產生冷發射氣體的火藥式蓄壓器，發射時能讓護蓋像活塞一樣，將彈道飛彈由下往上推，在空中分離。皆由作者拍攝

1.7 使用方便的通用型洲際彈道飛彈

■生產數超越R-36M飛彈

重型洲際彈道飛彈的確令人畏懼，卻也因為體積龐大，在製造和搬運上都相當具有難度，所以始終存在無法大量部署的問題。對此，蘇聯開始同步開發體積輕巧便利，更堪稱「通用型」的液態燃料洲際彈道飛彈。如果以生產數量來看，前述R-36M系列同時部署的最大量為308座，這裡要介紹的UR-100系列最多甚至達900座，在與美國的軍備競賽中扮演著非常重要的角色。而負責通用型洲際彈道飛彈開發的單位為「第52實驗設計局」。

第52實驗設計局由切洛梅（Vladimir Chelomey）負責領軍，其團隊開發出的「**УР-100**[**UR-100**]」飛彈，直徑2公尺、發射重量50噸，與第1實驗設計局初期開發的洲際彈道飛彈相比明顯縮小許多。第52實驗設計局更進一步發展出**УР-100К**[**UR-100K**]、**УР-100У**[**UR-100U**]、**УР-100Н**[**UR-100N**] 以及**УР-100Н УТТХ**[**UR-100N UTTKh**] 型號。UR-100系列初期的飛彈輕巧，但僅配置單彈頭，UR-100U之後開始搭載多彈頭（U型搭載3枚，N UTTKh型為6枚）。最終型UR-100N UTTKh目前仍在服役中，更是與被認為有機會突破美國飛彈防禦系統的高超音速彈頭「先鋒」（參照P.127）搭配的首款載體（若前述的RS-28投入使用，那就會成為先鋒的主要載體）。

第586實驗設計局也有負責UR-100系列的開發，最前頭會加註「MP[MR]」（MR UR-100、MR-100UTTKh）。MR UR-100UTTKh為多彈頭飛彈（搭載4枚）。MR系列的飛彈尺寸較大，發射重量約為70噸。此系列同時部署的最大數量為150座，對蘇聯的核嚇阻策略帶來相當大的貢獻，但已於1990年左右全數除役。負責MR系列開發的團隊和R-36M一樣，初期由揚格利領軍，後期改由烏特金接手持續發展。

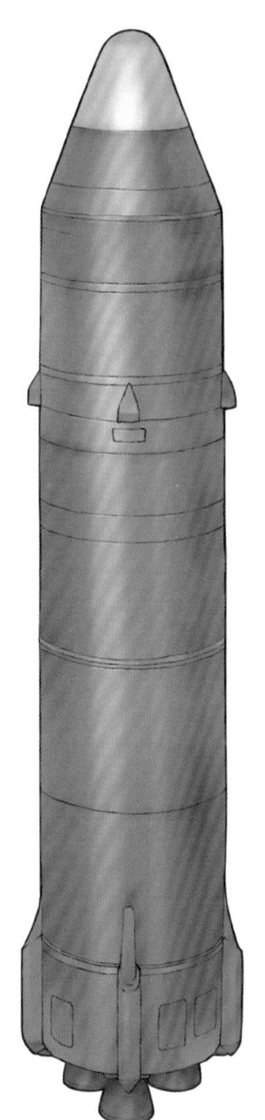

「通用型」洲際彈道飛彈

УР-100Н УТТХ

UR-100N UTTKh

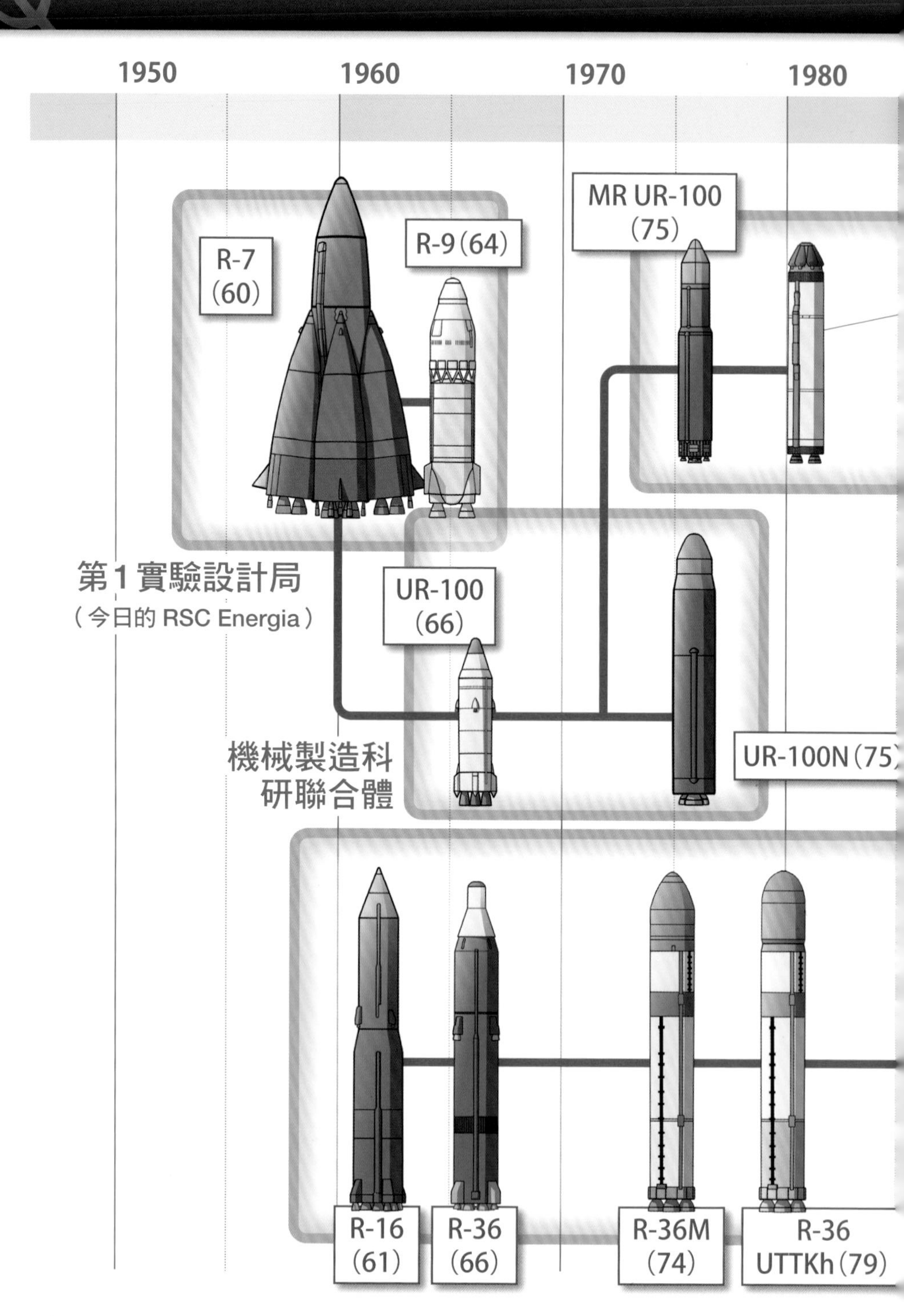
1950
1960
1970
1980
R-7
(60)
R-9(64)
MR UR-100
(75)
第1實驗設計局
(今日的 RSC Energia)
UR-100
(66)
機械製造科
研聯合體
UR-100N(75)
R-16
(61)
R-36
(66)
R-36M
(74)
R-36
UTTKh(79)

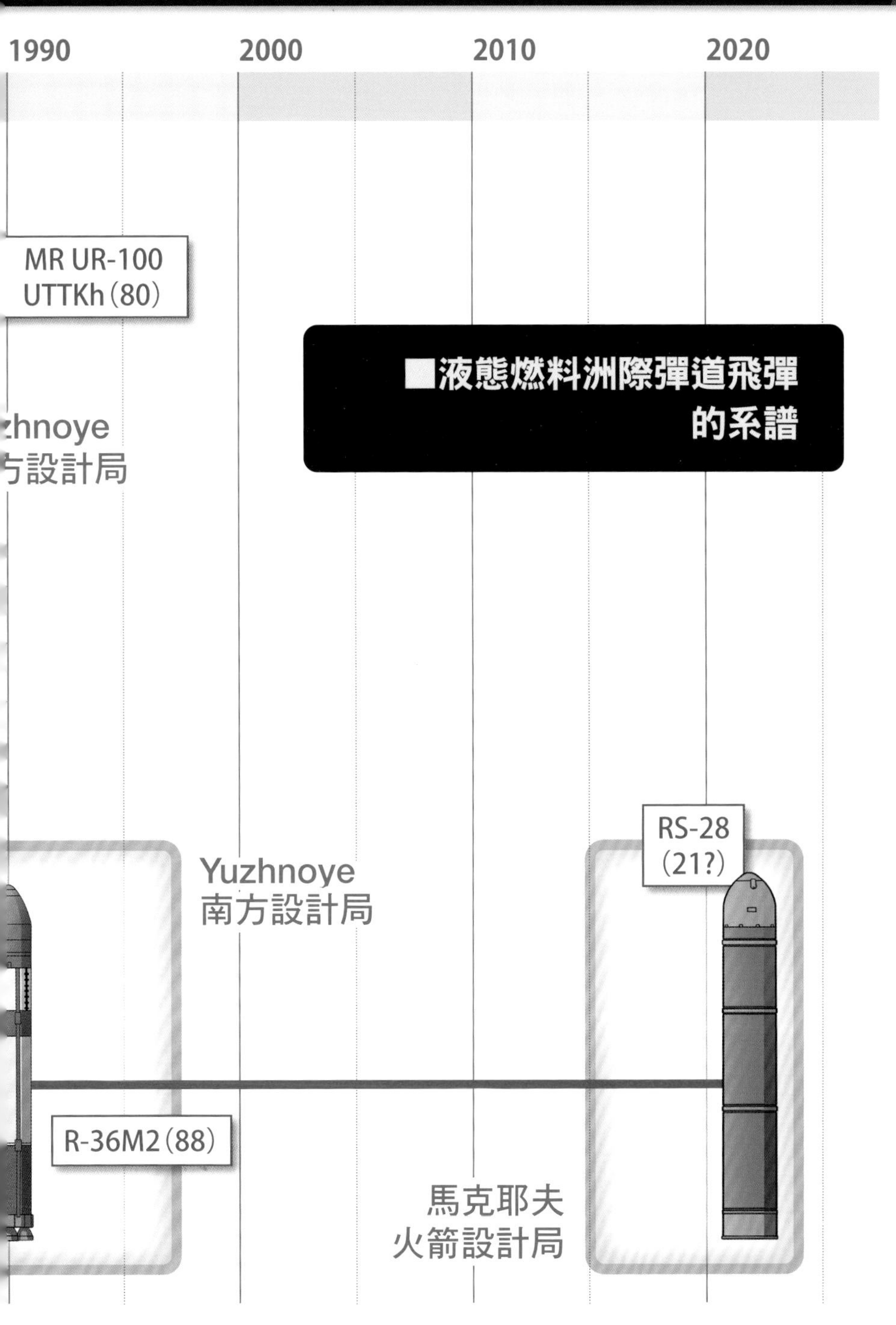

※（ ）為投入使用年分。 ※藍體字是負責開發的設計局。

1.8 固態燃料洲際彈道飛彈開發

■固態燃料洲際彈道飛彈始祖「RT-1」

前面談了許多使用液態燃料的洲際彈道飛彈，接著要來看看固態燃料洲際彈道飛彈的開發及運用。

蘇聯首款固態燃料洲際彈道飛彈，是由第1實驗設計局開發的「**PT-1［RT-1］**」，可惜測試結果不如預期，所以並未入列制式武器。將RT-1加以改良開發而成的「**PT-2［RT-2］**」便成了蘇聯首款「實際可運用」的固態燃料洲際彈道飛彈。

第1實驗設計局在1966年開始發射測試版本的RT-2，其後由第1中央設計局接手，並且由瓦西里・米申（Vasily Pavlovich Mishin）率領的團隊完成開發。RT-2接著由位於聖彼得堡的「第7中央設計局」負責改良，最後在特魯林（Tyurin, Petr Aleksandrovich）的帶領下完成「**PT-2П［RT-2P］**」飛彈。

■世界首款移動發射式洲際彈道飛彈

另一方面，第1中央設計局也在納迪雷德斯（Aleksandr Davidovich Nadiradze）的帶領下，開發出移動式洲際彈道飛彈「**PT-21［RT-21］**」，但基於政治問題，最終並未投入實質部署。不過隨著技術的累積，蘇聯將RT-2P開發成可移動發射（即車輛發射式）的「**PT-2ПМ［RT-2PM］Topol**（Тополь，白楊）」。RT-2PM是第一款可移動發射的洲際彈道飛彈，目前同系列型號的飛彈仍繼續服役中。

這種設計若從俄文直譯，是指「地面移動式火箭系統」[※1]，彈道飛彈會搭載於一輛運輸起豎發射車上，背負起從運輸到發射的所有任務。此車輛不僅能行駛於一般道路，在崎嶇不平的地形上也能自由移動，接獲指令後只要2分鐘（！）就能發射，對於敵軍的先發攻擊具備極高的生存性與反擊能力。

觀察彈道飛彈本體的話，可以發現RT-2PM的姿態控制方式不同於一般常見的向量噴嘴（改變噴嘴方向以控制飛彈姿態）。向量噴嘴的噴嘴會固定住，燃燒氣體只能朝垂直方向噴出，但RT-2PM能視情況從不同角度噴射氣體，藉此改變姿態。再加上RT-2PM的第一節火箭設有空力舵（第一節是用來飛行於大氣層內），因此能夠與噴射氣體搭配，控制飛彈姿態。

■俄羅斯的核武主力

不僅如此，「**PT-2ПМ［RT-2PM2］白楊M**」更是為了突破美國飛彈防禦系統[※2]所開發的改良版飛彈。具體來說RT-2PM2提升了推力，不僅讓升空階段的時間得以縮短，期間甚至能執行複雜的機動指令。與此同時，蘇聯也廢止了前面提到的特殊姿態控制方式，改成常見的向量噴嘴方式。

RT-2PM2是以常見的慣性導航搭配天文導航（透過觀測星星的方位掌握自己所在位置）來提升精準度。此外，發動機外殼也採用複合材料，施作抗輻射加工（遭核武迎擊時的對策），進行與其他新世代彈道飛彈一樣的改良。RT-2PM2的發射車還能搭配俄羅斯獨自開發的衛星定位系統「格洛納斯」[※3]（GLONASS，俄文為**ГЛОНАСС**），無論在哪裡都能掌握正確的發射位置，提升彈著精準度。

近幾年來，俄羅斯進一步發展出RT-2PM2多彈頭版本的「**PC-24［RS-24］亞爾斯**（Ярс[※4]）」。RT-2PM與RT-2PM2

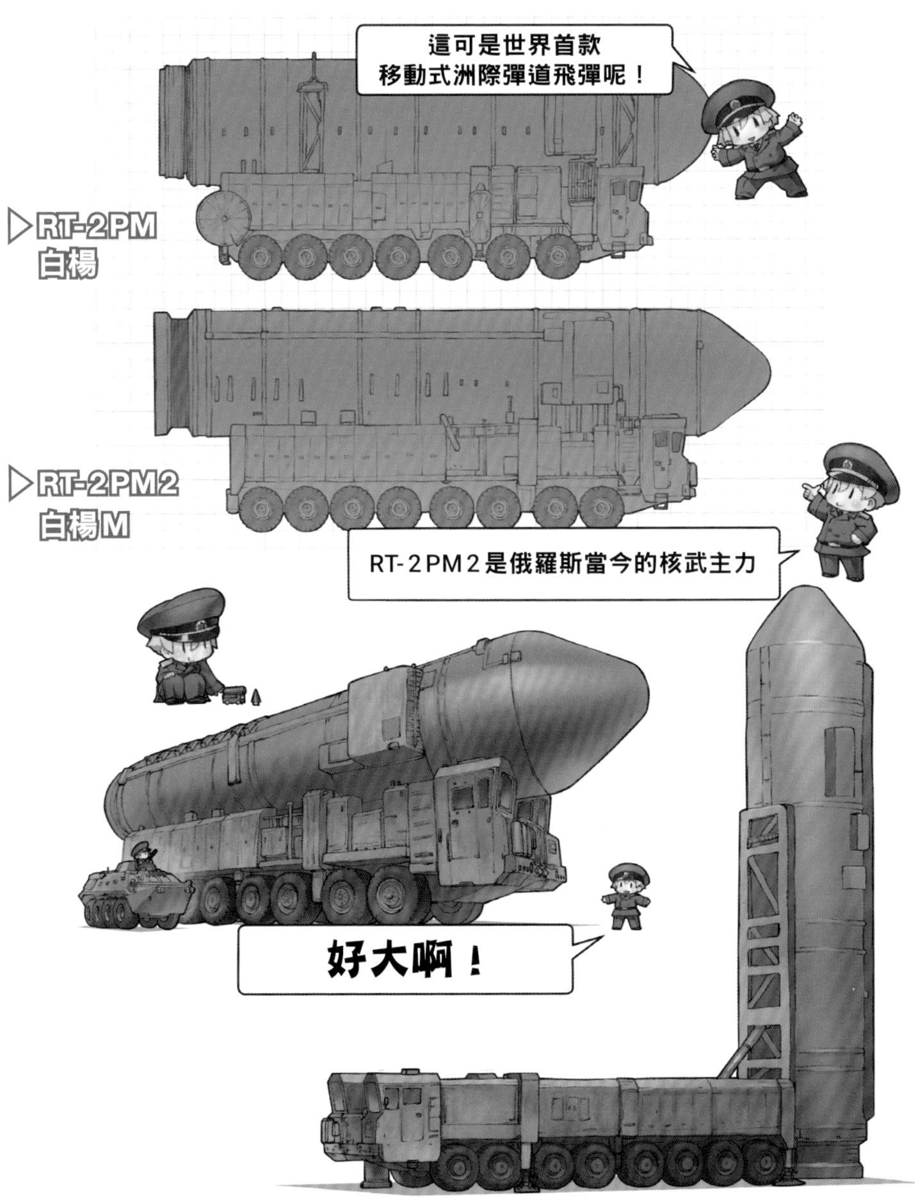

世界首款移動式洲際彈道飛彈

РТ-2ПМ

RT-2PM 白楊

[RT-2PM2的發射姿態]

分別搭載了55萬噸和100萬噸的單彈頭，RS-24可搭載的彈頭則為30萬噸×3～4枚。目前RT-2PM／RT-2PM2／RS-24皆是俄羅斯主力的洲際彈道飛彈。順帶一提，納迪雷德斯在RT-2PM入列制式武器的前一年（1987年）不幸過世，其後改由拉古丁（Lagutin Boris Nikolaevich）接續主導同系列飛彈的開發任務。

■世界唯一鐵路機動發射

第586實驗設計局身為彈道飛彈的開發強者，當然也投入了固態燃料洲際彈道飛彈的研究。1960年代初期，揚格利率領的團隊成功開發出「**PT-20**[**RT-20**]」，雖然是世界首見的車輛發射式洲際彈道飛彈，卻未能實際投入軍備部署。後來，烏特金更著手進化版飛彈「**PT-23**[**RT-23**]」的開發，但過程中接收到美方洲際彈道飛彈LGM-118（又名「和平衛士」）的相關消息，於是加以改良，完成了目標超越LGM-118性能的「**PT-23 УТТХ**[**RT-23UTTKh**] **Molodets**」（Молодец，意指「好樣的、太棒了」）。

第1中央設計局也有嘗試開發車輛發射式的RT-23UTTKh飛彈，卻因為其重量超過100噸而無法付諸實現，最終由第586實驗設計局完成這世界唯一的鐵路機動發射式洲際彈道飛彈（也可改為以發射井發射）。就功能面來看，鐵路機動發射與前述的運輸起豎發射車其實雷同，儘管移動範圍雖然受限於鐵路的路線，卻能搭配比車輛發射式更重的飛彈。的確，RT-23UTTKh的發射重量為105噸，遠優於RT-2PM（45噸），也因為少了體積的限制，才能開發出多彈頭洲際彈道飛彈（43萬噸×10枚）。

RT-23UTTKh飛彈列車的俄文直譯為「戰鬥鐵路式火箭系統※5」，由2節柴油機車、1節燃料槽車、7節發射發令車、3節彈道飛彈搭載車（每節1枚，總計3枚）組成，並由一個火箭軍團負責運作。

RT-23UTTKh特別受關注的部分，在於燃料從原本的鋁換成氫化鋁後，能量轉換效率也隨之提升。另外，發動機外殼採用纖維強化有機塑膠，噴嘴則用了碳纖維強化塑膠，力圖輕量化。同時搭載耗時17年，歷經6次核試驗打造而成的耐輻射電子儀器。

不過，與位處地底的發射井相比，無論是鐵路或車輛移動發射式的彈道飛彈怎麼想都較不耐衝擊波。發射井可承受超過100大氣壓的壓力，但鐵路發射飛彈車輛僅能承受縱向0.3大氣壓、橫向0.2大氣壓的壓力負荷（蘇聯曾在RT-23UTTKh飛彈附近試爆核彈，調查飛彈可承受多大的衝擊波）。1990年代，RT-23UTTKh最多曾部署6個發射井團（共56座）以及12支鐵路發射團（共36座），隨著美俄簽訂削減戰略武器條約（2002年，莫斯科條約），決定全面廢除，因此目前RT-23UTTKh已不存在。

※1：俄文為Подвижный Грунтовый Ракетный Комплекс，縮寫為ПГРК（PGRK）。
※2：這裡是指雷根時代的飛彈防禦系統。
※3：「格洛納斯」（ГЛОНАСС）為「ГЛОбальная НАвигационная Спутниковая Система」（全球導航衛星系統）的縮寫。
※4：「亞爾斯」（Ярс）為「Ядерная Ракета Сдерживания」（抑制用核彈）的縮寫。
※5：俄文為Боевой Железнодорожный Ракетный Комплекс，縮寫為БЖРК（BZhRK）。

世界唯一的鐵路發射式洲際彈道飛彈RT-23 UTTKh發射車，以及負責牽引發射車的DM-62柴油機車。聳立空中的綠色筒狀物是運輸發射筒倉，RT-23飛彈便在其中，看起來就像要「發射迫擊砲」。（作者拍攝）

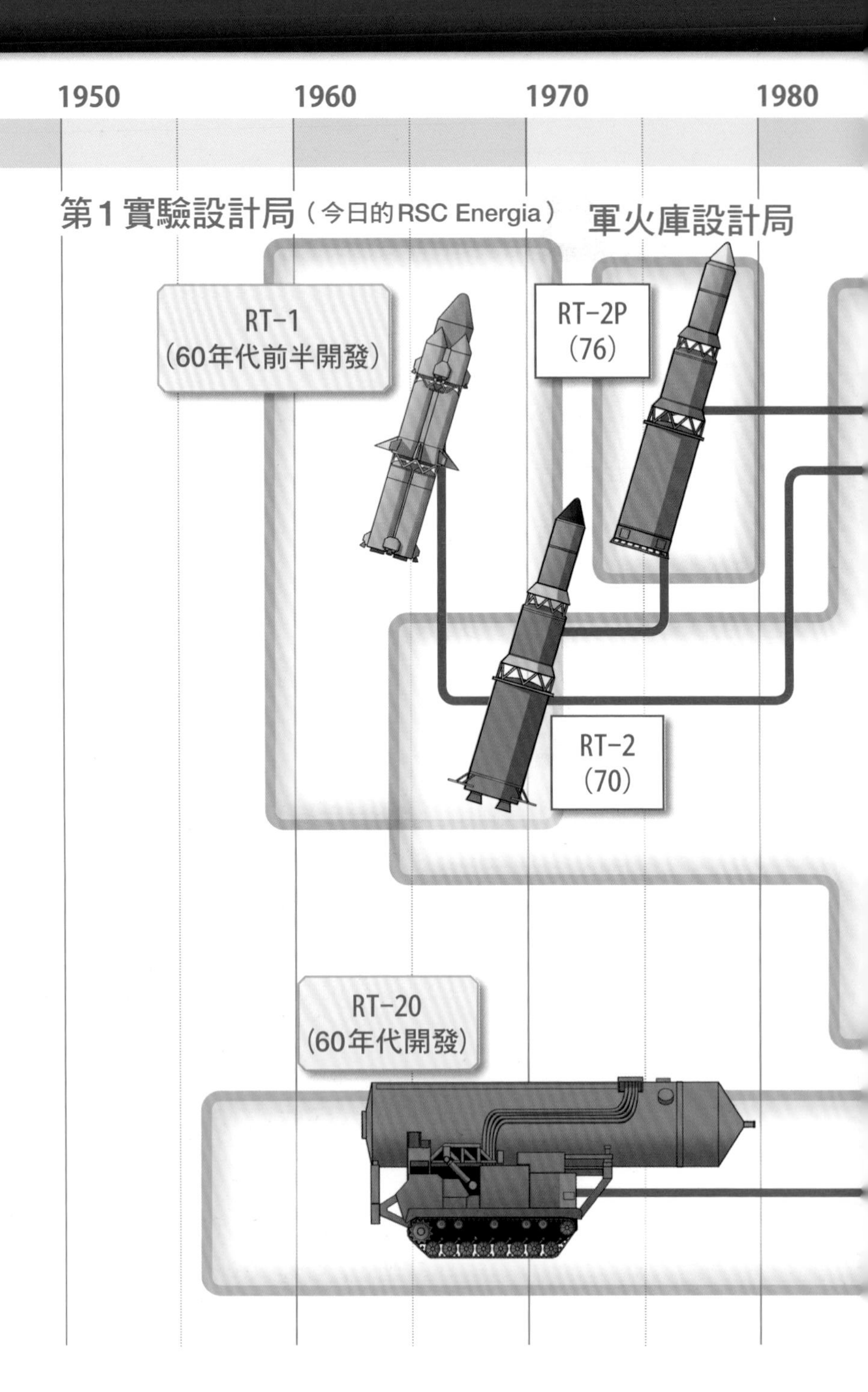
1950
1960
1970
1980
第1實驗設計局（今日的RSC Energia）
軍火庫設計局
RT-1
(60年代前半開發)
RT-2P
(76)
RT-2
(70)
RT-20
(60年代開發)

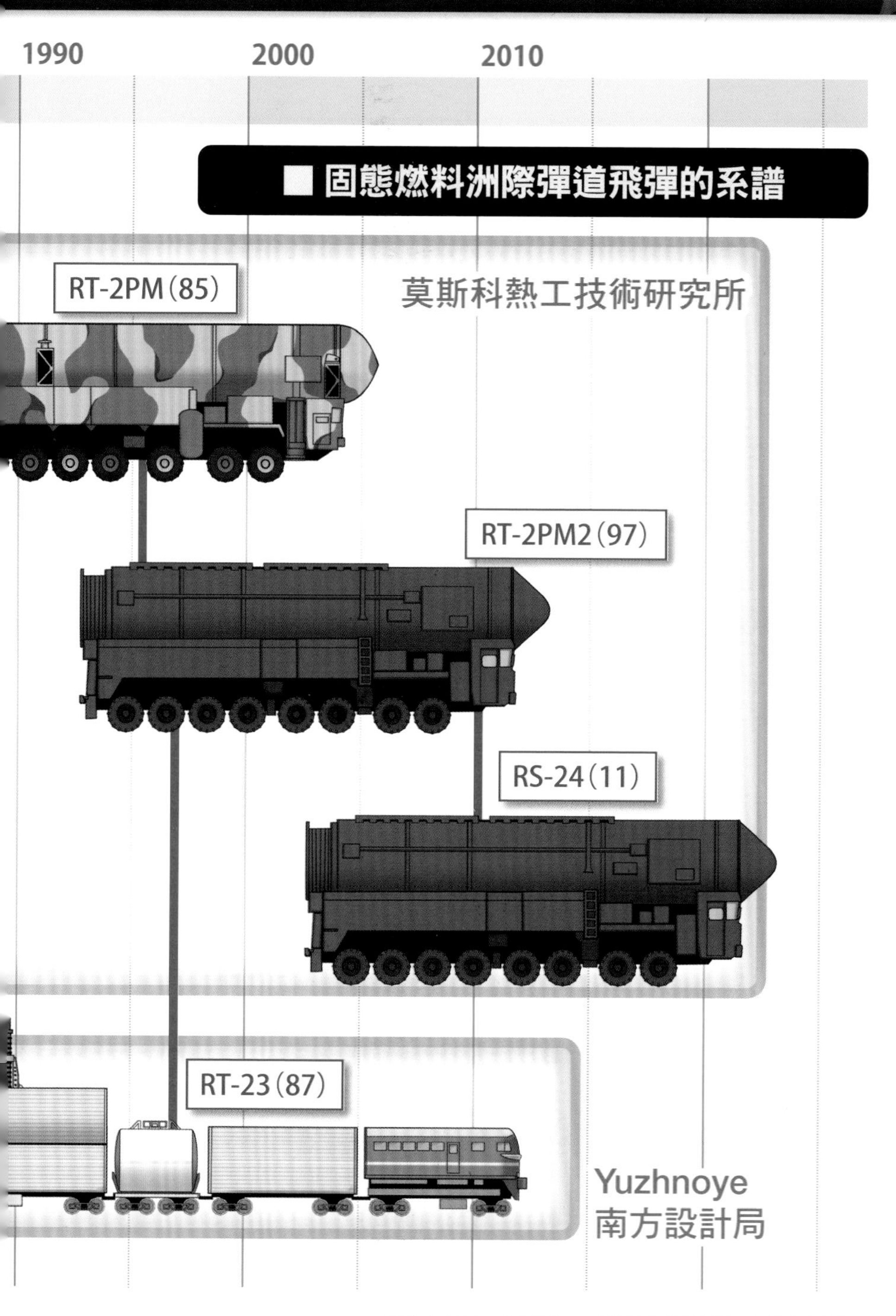

※（ ）為投入使用年分。橘框表示僅開發，未納入採用。
※藍體字是負責開發的設計局。

洲際彈道飛彈戰力推移

■戰略火箭部隊軍

美國負責管理洲際彈道飛彈的單位是空軍，蘇聯則是由不同於陸海空軍的獨立軍種管理洲際彈道飛彈及中程飛彈，這個獨立的單位名為「戰略火箭部隊軍」(Ракетные войска стратегического назначения，РВСН)。在蘇聯時代，負責掌管「最後王牌」的戰略火箭部隊軍可是最頂尖的菁英部隊。

戰略火箭部隊軍曾於蘇聯底下的俄羅斯、烏克蘭、白俄羅斯、哈薩克以及波羅的海三國，共計7國境內部署彈道飛彈，1991年蘇聯解體後，這些飛彈全集中至俄羅斯，剩下的國家皆決定放棄核武（以及戰略彈道飛彈）。

2001年，俄羅斯雖然將戰略火箭部隊軍從原本的軍種降格為「獨立兵科」（以制度上來看），不過該單位與俄國海軍的戰略核武部隊實力加總後，還是目前世界上唯一能消滅美軍的存在，對俄軍而言也一直都是最重要的戰力。

■部隊編制

蘇聯／俄羅斯的洲際彈道飛彈部隊，採用和陸軍一樣的「軍（армия）－師（дивизия）－團（полк）」編制（軍和師之間有時也可能設有軍團），與美國採行的空軍體制「航空軍（air force）－聯隊（wing）－中隊（squadron）」形成對比，兩相比較便能發現兩國分別是從什麼軍種發展而來。

隨著時代轉變，部隊配置與規模也出現極大的變化。接著讓我們來看看三個主要時期的部署狀況，一同探究蘇聯／俄羅斯的洲際彈道飛彈部隊在配置上的變遷吧。

RSD-10中程彈道飛彈（作者拍攝）

戰略火箭部隊軍司令部——1962年

1960～1961年期間，蘇聯編制了許多火箭師與火箭團，1961～1964年開始部署彈道飛彈，1962年已經可見戰略火箭部隊軍剛創建時的模樣。不過，部隊軍編制的過程中，有許多火箭團未能部署實戰配備，甚至出現只有彈道飛彈，卻來不及配備上核彈頭的情況，根本是支「虛張聲勢」的軍隊。1962年，這一年發生了大家熟知的「古巴危機」，也因為蘇聯沒有表面宣傳看來那般厲害，使得赫魯雪夫最終只能向甘迺迪屈服。

就在遭受古巴危機的屈辱後，蘇聯決定致力增產洲際彈道飛彈，70年代初便成功部署為數相當的飛彈。這段期間，蘇聯開始大量部署R-36重型洲際彈道飛彈，也將中程彈道飛彈換成洲際彈道飛彈。再加上發射井裝置的普及，蘇聯令自家的核武更為完善，無論是攻擊力或防禦力都能與美國匹敵。

這時還來不及部署洲際彈道飛彈，只能以中程彈道飛彈為主力。部署位置較靠近西半部，是因為只有這樣才打得到敵方陣營（歐洲）。蘇聯也是基於這樣的條件背景，才會在古巴部署中程彈道飛彈。

●軍司令部
◆軍團司令部
★師司令部-重型洲際彈道飛彈（發射井）
★師司令部-重型洲際彈道飛彈（發射台）
★師司令部-洲際彈道飛彈（發射井）
★師司令部-洲際彈道飛彈（移動式）
▲師司令部-中程彈道飛彈（移動式）
▲師司令部-中程彈道飛彈（發射台）

戰略火箭部隊軍司令部——1985年

1985年正值蘇聯的黃金極盛期，此時蘇聯的核武實力真正超越美國，名符其實地成為足以稱霸世界的最強核武大國。不僅彈道飛彈推陳出新（R-36→R-36M→R-36 UTTKh），更部署了世界首見的移動發射式洲際彈道飛彈，另外也開始部署「RSD-10」中程彈道飛彈（雖然本章並未提到）。以往的中程彈道飛彈是朝洲際彈道飛彈發展的過渡期產物，但RSD-10開發之初就是以歐洲和中國為攻擊目標。

其後，美蘇（美俄）之間逐漸朝縮減核武的共識邁進，簽署了中程飛彈條約（1987年）及削減戰略武器條約（第1次：1991年／第2次：1993年），再加上蘇聯解體（1991年），戰略火箭部隊軍的軍力也跟著大幅衰減。

各位應該會發現，重型洲際彈道飛彈都集中於哈薩克和附近區域。這是因為只要盡可能部署於內陸，除非美國派遣搭載彈道飛彈的潛艦接近岸邊，否則很難攻擊破壞蘇聯的飛彈，從這般特殊的考量配置就不難看出「王牌」的價值。中程彈道飛彈RSD-10（藍色▲）當時對日本也帶來極大威脅，不過西伯利亞的部署量比遠東地區來得多，由此可知，比起日本，蘇聯的目標其實是中國。該款彈道飛彈在簽訂中程飛彈條約後全數銷毀。

●軍司令部
◆軍團司令部
★師司令部-重型洲際彈道飛彈（發射井）
★師司令部-重型洲際彈道飛彈（發射台）
★師司令部-洲際彈道飛彈（發射井）
★師司令部-洲際彈道飛彈（移動式）
▲師司令部-中程彈道飛彈（移動式）
▲師司令部-中程彈道飛彈（發射台）

戰略火箭部隊軍司令部——2020年

1990～2000年代，軍武規模雖然縮小，裝備水準卻得以邁入現代化。俄羅斯將重型洲際彈道飛彈換成了人類最強武器——R-36M2，通用型洲際彈道飛彈則有UR-100N UTTKh，同時也開始部署移動發射式洲際彈道飛彈RT-2PM2（2000年代僅能以發射井規格發射）。

到了近期，俄羅斯更將通用型洲際彈道飛彈UR-100N UTTKh，換成發射井發射的RT-2PM2和RS-24。目前僅剩的UR-100N UTTKh是作為高超音速彈頭「先鋒」的載體使用，移動發射式洲際彈道飛彈則全數換成RT-2PM2，RS-24也隨之問世。另外，重型洲際彈道飛彈R-36M2預計也會替換成RS-28。

90年代後，戰略火箭部隊師大幅削減，僅剩2個師有部署重型洲際彈道飛彈，配置於遠東地區的師也全數撤除。但俄羅斯保留了許多部署移動發射式洲際彈道飛彈的師，為目前戰略火箭部隊的主力。

●軍司令部
◆軍團司令部
★師司令部-重型洲際彈道飛彈（發射井）
☆師司令部-重型洲際彈道飛彈（發射台）
☆師司令部-洲際彈道飛彈（發射井）
★師司令部-洲際彈道飛彈（移動式）
▲師司令部-中程彈道飛彈（移動式）
▲師司令部-中程彈道飛彈（發射台）

第2章
海洋發射型彈道飛彈

©Ministry of Defence ofthe Russian Federation

另一種戰略核戰力

第1章談論地面發射式的彈道飛彈，接著要來向各位聊聊另一種戰略核武主力，那就是──海洋發射型彈道飛彈。本章會延續第1章的模式，先講述基本知識，再探討蘇聯的海洋發射型彈道飛彈。潛水艇基本上會放在第3章討論，不過搭載彈道飛彈的潛水艇會先在這裡稍作說明。

話說從頭，潛射彈道飛彈的英文叫作「Submarine-Launched Ballistic Missile，SLBM」，俄文稱作「**Баллистические Ракеты Подводных Лодок**」（直譯為潛水艇用彈道火箭），縮寫簡稱「**БРПЛ**［BRPD］」。彈道飛彈潛艦的俄文為「**Ракетные Подводные Крейсеры Стратегического Назначения**」，直譯的意思是「戰略火箭水中巡洋艦」，簡稱「**РПКСН**［RPKCN］」。

（※譯註：為避免混亂，水中巡洋艦會統一以中文普遍用語「潛艦」來稱呼）

潛射彈道飛彈的基本知識

2.1 從潛艦發射的「優勢」

■斷絕先發制人的「嚇阻」能力

從海上發射彈道飛彈的構思，其實早在彈道飛彈開發的初期就已經有大略雛形。潛艦發射的優勢之一，在於能夠悄悄靠近敵國岸邊，令短程彈道飛彈也能化身「戰略武器」（參照第1章）。有別於位置明確可見的水面艦艇，航行水中的潛艦隱密性高，甚至有機會接近敵國岸邊。然而，接近敵國的同時，敵軍反潛網（antisubmarine net）的部署也會更趨密集，使潛艦的作戰行動受到極大牽制。若真要從潛艦發射飛彈，也只能拉長彈道射程，在距離敵國本土較遠的位置發動攻擊，所以在潛艦與反潛艦技術發展的道路上，「能夠悄悄接近敵國附近發射」這類優勢並未真正帶來幫助。

不過，潛射彈道飛彈有個非常關鍵性的優勢，那就是前面也有提到的「隱密性」。敵方無法得知潛艦航行於廣闊海洋的何處，也無法掌握何時會遭受攻擊──這一點背後所代表的意義之重大，甚至能改寫既有的戰略模式。

萬一世界真的爆發核戰，最先攻擊的目標物將是敵方的戰略武器基地，其次為常規武器基地、政府中樞單位，以及大都市等，先摧毀敵方的戰略武器，不給予對方任何反擊機會將會是首要的任務。然而，假若敵方是將戰略武器部署

具備嚇阻效果的潛射彈道飛彈

在潛艦上，就無法掌握武器的位置，當然就不可能先發制人。一旦敵國擁有搭載彈道飛彈的潛艦，那麼無論本土再怎麼遭受摧殘，也一定會採取報復攻擊，徹底發揮「嚇阻」能力，斷絕另一方先發制人的念頭。

2.2 潛射彈道飛彈的技術課題

■大小受限

能從潛艦發射，雖然是潛艦發射式彈道飛彈的優勢，但真的要派上戰場運用時，它還是有不同於從地面發射的技術難度與限制。

首先，潛艦無法搭載太過龐大的彈道飛彈。假設飛彈重200噸（相當於R-36M重型洲際彈道飛彈），與整艘潛艦的排水量（數千～數萬噸）相比實在小巫見大巫，單從載重來看似乎沒什麼問題，可是若要「發射」的話，那可就另當別論了，因為潛艦必須要能夠承受發射時的後座力才行。

潛艦浮在海水中，一旦發射彈道飛彈，船身勢必會傾斜。如果是連續發射數枚飛彈（齊射，salvo），那麼船身的傾斜勢必將影響下一枚飛彈的發射。為了避免傾斜幅度嚴重干擾發射，彈道飛彈的尺寸就無法想多大就製造多大，必須連同潛艦一起升級加大。史上最大的潛射飛彈R-39，其發射重量為90噸，母艦的941型潛艦（颱風級）排水量為48,000噸，由此便可知兩者間的重量比差異。

■全長受限

除了重量外，潛艦飛彈的形狀也會受到限制。考量空氣阻力的影響，彈道飛彈必須設計成細長形狀；而如果要垂直發射，那麼飛彈就要豎直擺放。以潛艦來說，飛彈的長度就必須是潛艦縱寬能夠放入的長度，這也使搭載的飛彈相對較短小。即便潛艦發射式彈道飛彈的形狀受限，但該有的性能還是要有，因此可將第二節之後的噴嘴設計成伸縮式，第三節則是從分導節的地方做銜接，透過許多巧思來「節省長度」。

■保存性與燃料

在保存性上也有需要克服的問題。如果是在陸地上，只要有需要隨時都能做保養，但如果是在潛艦裡，很難對飛彈本身做大規模的保養（保養一下電子儀器之類的還行）。再者，潛艦必須在離本國遙遠的大海中執行任務長達好幾個月，就算要保養，也會希望內容簡單不費工，所以燃料就很適合選用保存性較佳的固態燃料。

不過，似乎有人因此誤會，以為並不存在使用液態燃料的潛艦發射式彈道飛彈。美國自始至今皆採用固態燃料，但蘇聯的主流卻是液態燃料，即便蘇聯解體後，俄羅斯依然持續運用。兩大核武強國的其中一方完全忽略另一方數十年運用至今的成果，斬釘截鐵地表示「非固態燃料不可」的心態實在可議。

■彈著精準度與導航

還有與導航／導引方式相關的問題。如同第1章所述，彈道飛彈發射後，只會隨著重力下墜，所以彈著精準度取決於發射時有沒有瞄準。

飛彈的導引策略是「慣性導航」（慣性導引）。這種方式是測量發射後的加速度，計算出飛彈從發射位置移動了多遠的距離，所以發射位置的精準度會直接反映在彈著精準度上。如果是地面的

彈道飛彈潛艦的技術性課題

■大小受限

潛艦噸位不夠的話，
可是無法承受連續發射的！

■長度受限

細長形的彈道飛彈
無法置入潛艦內！

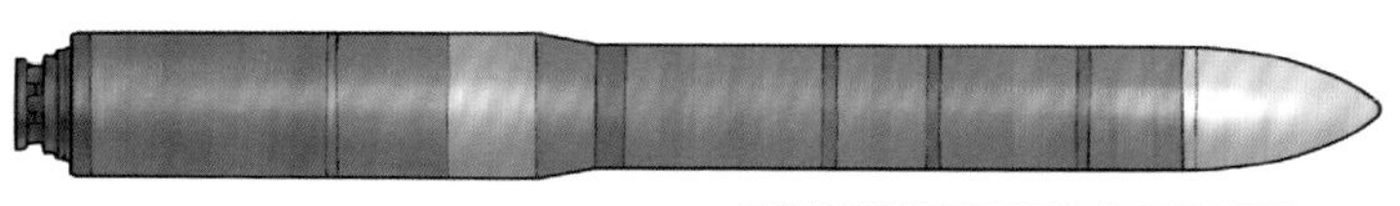

◁「白楊M」
RT-2PM2
洲際彈道飛彈
：22.6m

△「布拉瓦」
R-30潛射彈道飛彈：11.5m

發射井，當然能測量出正確位置，不過潛艦會航行移動，就算關掉推進器還是會隨著洋流漂動，因此無法保證一定能固定在原處。不僅如此，冷戰時期（參照第1章）也還沒有格洛納斯和GPS這類衛星定位系統。

潛艇母艦會利用天文導航測出自己所在的位置，彈道飛彈則是以慣性導航搭配天文導航，提升彈著精準度。

——上述彙整了牽涉到潛艦構造、運用的彈道飛彈技術課題。接著會利用第3、第4節向各位說明「從水中發射」潛射彈道飛彈最關鍵的技術環節。

2.3 接收發射命令

■特低頻通訊與指令書

潛射彈道飛彈其實還有個問題，那就是——要怎麼接收發射命令？無線電波在水中的傳送難度遠比在空氣中困難許多，利用一般的通訊手段是無法順利傳送命令。即便潛艦再怎麼隱密，需要發射飛彈時，如果無法接獲命令、如期發射，就等於完全「沒幫助」。無線電波在水中雖然「難以傳送」，但是不代表「無法傳送」。說到電波的傳送表現，波長愈長，傳送訊息會愈順利。

波長愈長又是什麼意思呢？舉個例子，如果我們在手中板子上寫了些文字要讓遠方的人看，字體太小且全都擠在一起的話，會讓對方難以判讀；想讓對方看得懂，字體就要夠大夠清楚才行。各位可以把這裡所說的「文字大小」當成電波的波長。

一般雷達的電波波長為介於1公分～1公尺，FM廣播的波長為3～4公尺，但是與潛艦通訊時，使用的是一種波長介於10～100公里，名為「特低頻」（VLF，Very Low Frequency）的電波。也因為「文字夠大」，在水中才讀得到。

不過，文字變大，板子上能寫的字數就會變少；意味著特低頻電波能傳送的資訊量有限，這時遭遇到的問題就會變成無法傳送內容瑣碎的命令。於是，就有了「指令書」的存在。

潛艦上會備有多份記載詳細命令的指令書，所以傳送特低頻電波時，只要告知「開啟○○號指令書」即可。潛艦接收到電波後會依照命令開啟指令書，並遵循內容開始行動。

■傳送手段——從地面或從空中

傳送端在陸地上設有傳輸設備，不過光是如此，可無法順利將訊息傳送至潛艦。畢竟地球是圓的，再加上電波只能直線前進，所以陸地天線能傳送訊號的範圍相當有限。想要傳送指令到藏身於遠方大海的潛艦確實稍嫌不足（與其他波長的電波相比，特低頻電波已經能穿越地平線傳送至遠方，但能力範圍還是有限），怎麼比還是比不過位於高點，也就是從空中發出的訊號；再加上飛機能飛行移動，兼具從國外也能傳送訊號的優點。

前面章節其實也有提到，潛射彈道飛彈具備「就算本國遭攻擊摧毀，也能採取報復行動」的優點，所以搭配有別於「國內通訊設施」，能另外執行任務的傳送訊號用飛機可說是有其必要性。蘇聯／俄羅斯與美國皆備有傳送訊號專用的飛機，前者使用的是Tu-142MR，後者則為E-6。另外，當國家真的面臨緊急危難時，供國家總司令（總書記或總統）搭乘，號稱「空中飛的最高司令部」的Ⅱ-80或E-4飛機，同樣也都搭載了特低頻電波通訊裝置。

電波「波長很長」是什麼意思？

第2章

2.4 從水中發射

■潛射彈道飛彈的發射方法

首先，讓我來解說一般潛射彈道飛彈是如何發射。潛艦收到發射指令後，會往上浮到能發射飛彈的深度。搭載彈道飛彈的潛艦為了避免發射筒進水，會以樹脂護蓋和耐水壓的耐壓蓋封住發射裝置。由於發射時須開啟耐壓蓋，樹脂護蓋也會開始承受水壓，因此船艦要往上浮，來到護蓋能承受住水壓的深度。

當潛艦往上浮到可發射的深度後，耐壓蓋會打開，接著氣體產生裝置會在發射筒內填充高壓氣體。填充完氣體，樹脂護蓋被衝破後，氣壓便會順著護蓋衝破的方向釋放，讓彈道飛彈連同氣體一起發射，躍出水面。然後火箭馬達會在空中點燃，讓彈道飛彈朝目標物飛去。這就是第1章提到的冷發射，這個方法能讓潛艦以處於水中的狀態發射飛彈，可說是發揮潛射飛彈隱密性相當關鍵的技術。

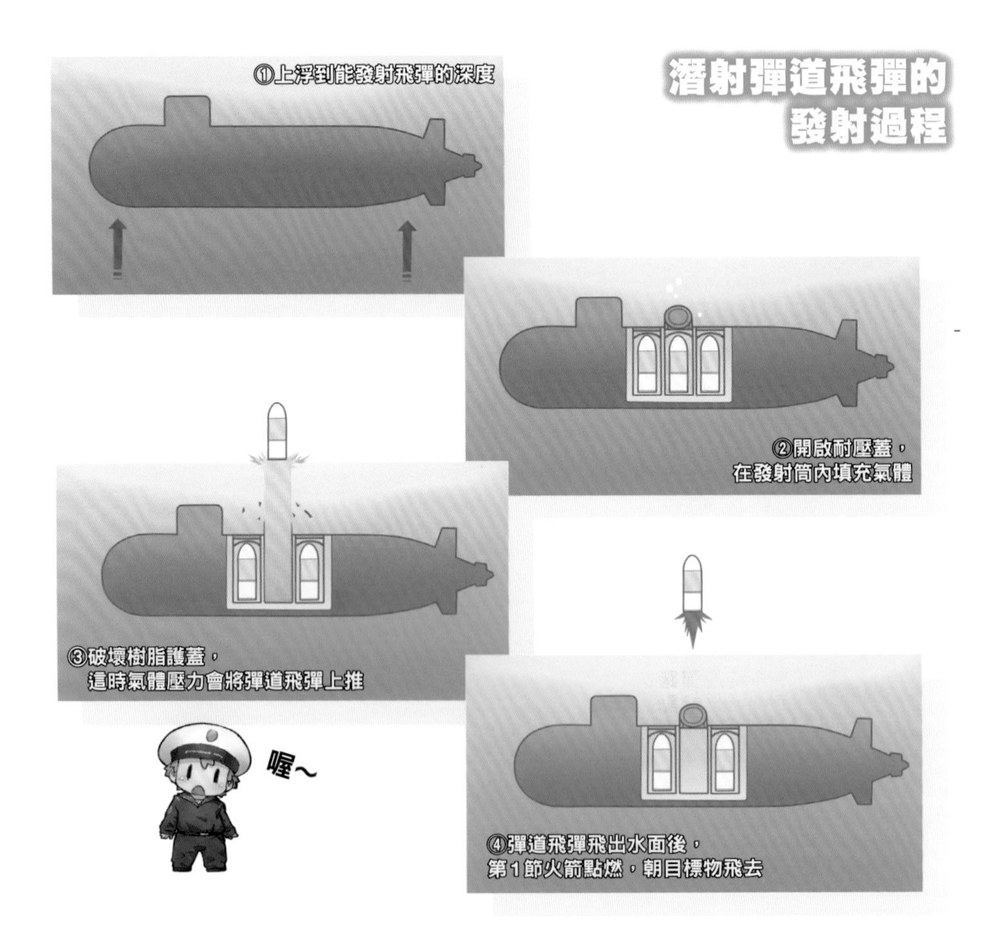

■蘇聯／俄羅斯的「緩衝飛彈發射系統」

不過，蘇聯／俄羅斯潛射彈道飛彈的發射方式卻有點不同。他們的彈道飛彈前端會有個像蓋子的覆蓋物，這個部分名稱是「緩衝飛彈發射系統／APCC [ARSS]」※1。ARSS會和飛彈一起填裝入發射筒內，並跟著飛彈發射。接著就來了解一下發射的過程。

安裝了ARSS的彈道飛彈在填裝入潛艦發射筒的時候，頂端圓盤的下方，也就是有落差的位置會與發射筒頂部完全密合。這麼一來就算耐壓蓋打開，水也不會流入發射筒內。飛彈是透過氣體壓力發射，所以彈道飛彈會在ARSS包覆住的狀態下躍出水面。

接著很有趣的是，躍出水面的彈道飛彈點燃後，方向會立刻傾斜。在往斜上方飛去的過程中，內置於ARSS內的固態燃料火箭（位於頂端圓盤下方）會跟著點燃，這時ARSS會脫離彈道飛彈，繼續朝斜上方飛去。兩者徹底分離後，彈道飛彈會再次改變方向，筆直地向上飛射。

不過，為什麼要搞得這麼複雜？這其實是為了彈道飛彈本體內的火箭馬達萬一沒有成功點燃的安全考量。如果垂直升空的彈道飛彈出了狀況，導致無法

什麼是「緩衝飛彈發射系統」？

飛彈頂端的蓋狀物就是緩衝飛彈發射系統喔！

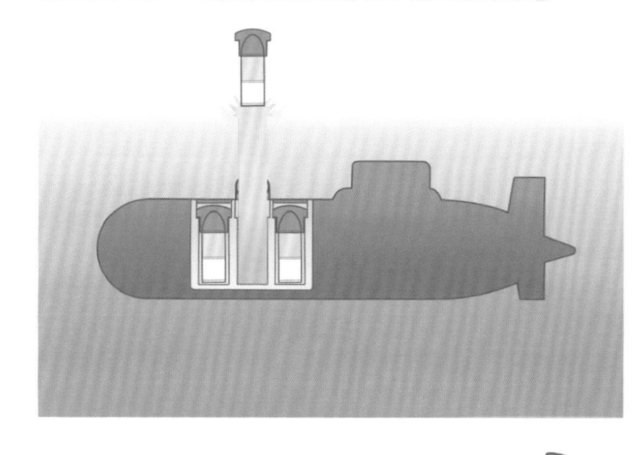

❶「緩衝飛彈發射系統」頂端的圓盤，與發射筒的落差會完全密合，一起收納於潛艦中。發射時，該系統會繼續包覆著飛彈，隨著氣壓射出海面。

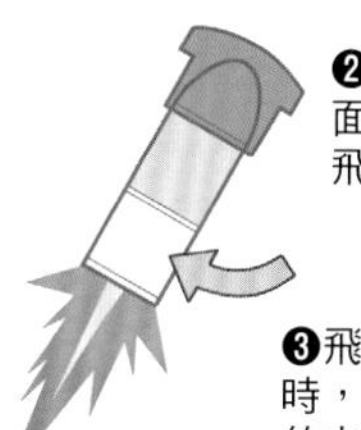

❷彈道飛彈躍出水面後，火箭點燃，飛彈也會跟著傾斜。

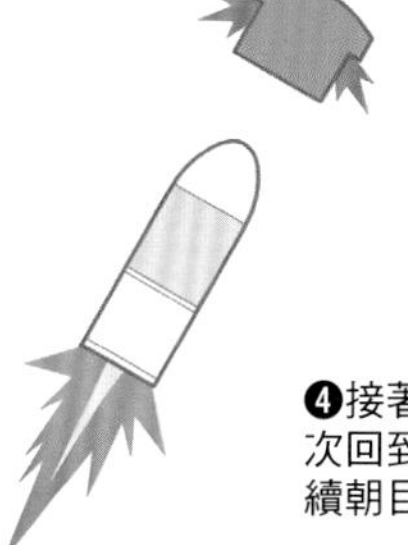

❸飛彈朝斜上方飛的同時，內建於系統圓盤處的火箭也會噴飛。

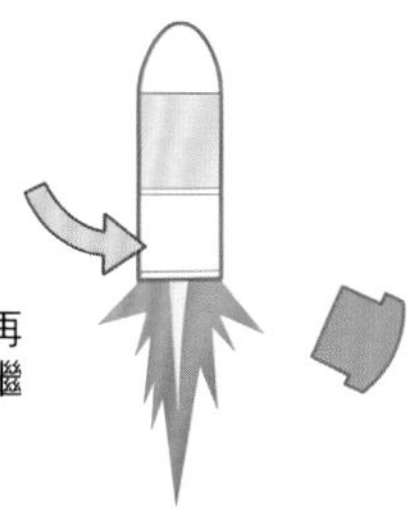

❹接著彈道飛彈會再次回到垂直狀態，繼續朝目標物飛行。

點燃時，飛彈就會墜落在潛艦上，非常危險。只要稍微朝斜方發射，那麼即便沒有順利點燃，也不用擔心飛彈砸到潛艦。我雖然沒聽過潛射飛彈砸在潛艦上的實際案例，但R-36M2洲際彈道飛彈第一次測試發射時，就因為火箭引擎沒有作動，結果砸壞了發射井（1986年3月21日）。上述的ARSS既不會墜落在潛艦上，也不會影響彈道飛彈的發射，可說是經過深思熟慮的方法。ARSS的俄文和地面發射用發射井一樣，直譯都叫作「豎坑式發射器」。

想要了解更多潛射彈道飛彈技術的讀者，還請詳閱拙著《彈道飛彈》（日本明幸堂出版）。

※1：Амортизационную Ракетно-Стартовую Систему的簡稱。

2.5 彈道飛彈潛艦技術面的特徵

■美國給的「正確答案」

基本知識解說的最後，讓我們一起看看彈道飛彈潛艦有哪些特徵。以彈道飛彈潛艦來說，美國的喬治・華盛頓號（一號艦於1959年正式服役）堪稱是目前主流結構的始祖。該潛艦是取通用型的飛魚號（Skipjack class）潛艦，從帆罩後方截開船身後，於截斷處插入排列有彈道飛彈發射筒的船段改造而成。這樣的配置能使發射筒置中船身，盡可能降低發射時後座力造成的搖晃。喬治・華盛頓號不僅是美國首艘搭載彈道飛彈的潛艦，更是其後所有彈道飛彈潛艦的「原型」，堪稱是如實展現美國先進技術的成果。與過程中不斷摸索，思考如何讓「還在開發中」的武器能夠實際上戰場運用的蘇聯相比，美國多半都能像這樣直接找出「正確答案」。其中喬治・華盛頓號正可謂美國將真本事完全發揮的產物。

■核動力推進的優點

潛艦的推進方式，可分成核動力推進和柴電推進。第3章會做詳細解說，各位只要先理解核動力推進有①引擎驅動時不需用到空氣，②填裝燃料後便可驅動數年至數十年不等，③輸出動能遠優於其他推進方式等幾項優點即可。有了①、②兩項優點，潛艦就能在不浮上水面的前提下持續讓引擎驅動，③的大動能輸出則是能讓潛艦有餘力用海水製造氧氣，只要艦內糧食充足，潛在水下好幾個月已然不成問題。也因為隱密性極高，彈道飛彈潛艦相當適合採用核動力推進。

不過，以安靜程度來看，因為核反應爐的渦輪機和齒輪會發出巨大聲響，所以核動力推進的表現劣於柴電推進。話說柴電推進也會發出噪音，但潛行時可以關掉柴電系統，只讓馬達運作，因此聲音相對小很多（柴電引擎發電是將蓄電池充電，再利用蓄電池的電力驅動馬達）。然而，前述①～③項優點太過出色，使得核動力推進還是較受青睞，同時搭配其他技術，降低噪音問題。

其實美國相當重視馬達靜音，因此針對新一代的「哥倫比亞級」彈道飛彈潛艦（2021年動工），預計會以核反應爐發電的方式驅動馬達。這樣將能解決齒輪發出巨大噪音的問題，大幅提升靜音表現。

2.6 液態燃料式——蘇聯海洋核戰力關鍵

■跨出第一步的R-11FM

各位了解潛射彈道飛彈的技術特徵之後，接著就一起來看看蘇聯的開發史。蘇聯最先開發的潛射彈道飛彈採液態燃料式，目前仍為海洋核戰力的一環。

與地面發射彈道飛彈一樣，潛射彈道飛彈也是由柯羅列夫率領的「第1實驗設計局」投入開發，設計時參考了同設計局開發的地面發射戰術火箭R-11。在第1章就曾提到，R-11和改良後的R-17（所謂「飛毛腿飛彈」系列）在歷史上是繼德國納粹V2火箭之後，最大量投入實戰運用的彈道飛彈。

R-11改良成海洋發射後隨之誕生的「**P-11ΦM[R-11FM]**」，成了蘇聯首款潛射彈道飛彈。運用液態燃料的地面發射彈道飛彈投入開發，從這點就不難看出蘇聯穩紮穩打的做事風格；反觀，美國一開始就開發出完成度極高的固態燃料式飛彈「UMG-27」，令兩國形成強烈對比。「**Φ**」是俄文「**флот**」（艦隊）的首字母，代表海洋型。「M」的話第1章也有提到，是指「改良型」。

蘇聯雖然完成了R-11FM，但射程僅有150公里，還不能水中發射，若要攻擊的話，必須非常靠近敵國岸邊，甚至浮出水面，完全稱不上是能投入實戰的武器。而且R-11FM搭載的是柴電潛艦，無法長時間潛航，想要靠近敵國岸邊更是難上加難。

搭載R-11FM的潛艦，是以通用潛艦「**611型**」（北約代號：祖魯級）改造而成，帆罩處設有2座R-11FM。蘇聯先改造1艘潛艦，進行完各種測試後，又陸續改造了5艘611型潛艦。第1艘稱為「**B611[V611]型**」，後5艘則是「**AB611[AV611]型**」。以地面發射彈道飛彈改造而成的R-11FM仍維持細長形狀，並沒有因為是潛射飛彈而刻意壓縮長度，這也使得R-11FM無法擺入柴電潛艦狹窄的船身內，只能利用帆罩的空間，因此僅可搭載2座。

就功能面而言，R-11FM或許遠遠不足，卻是蘇聯跨出「開發第一步」的彈道飛彈，因此相當值得花篇幅一談。無論路程多麼遙遠，一定都會有起走的第一步，如果因為這一步距離目的地非常遙遠而選擇輕忽，那就是錯誤的開發思維。R-11FM整個飛彈系統（包含發射機構的結構總成）名稱為「**Д-1[D-1]**」，代表著蘇聯潛射彈道飛彈開發之路光輝的第一步。

其實蘇聯曾規劃要將R-11FM搭載於水面艦艇，預計將200座（！）R-11FM放在「1080型」飛彈巡洋艦上，但最終未能付諸實踐。除非與敵方的戰力差異懸殊，否則龐大笨重的水面艦艇基本上沒有任何機會接近敵國岸邊，計畫自然是不了了之。

■仍處於過渡階段的R-13

R-11FM改良型的「**P-13[R-13]**」開發到一半時，潛射彈道飛彈的開發便改由「第385實驗設計局」接手。與R-11FM相比，R-13在兩方面的表現大幅進步。第一是姿態控制方式，R-13從原本活動燃燒氣體擾流板來藉此改變方向的噴射導片控制式（jet vane controlled)，切換成改變噴嘴方向的向量噴嘴式[※1]。另一個則是換成了分離式彈頭。R-11FM和原型的R-11一樣，採一體成形式設計，所以彈著時彈頭不會分離。R-13射程雖然是R-11FM的4倍，卻也只有600公里左右，所以發射時仍須浮到水面上，系統名稱為「**Д-2**[**D-2**]」。

蘇聯為搭載R-13飛彈，打造了新的柴電推進潛艦，計畫名稱為「**629型**」(北約代號：高爾夫Ⅰ級)，不過仍利用帆罩處的空間，僅能搭載3座飛彈。即便已使用帆罩處，深度仍是不足，使得收納飛彈的船身還要向下延伸，讓潛艦的形狀看起來有點醜。然而，當時與美國的軍備競賽非常激烈，因此連同發射測試用的「**629Б**[**629В**] **型**」，共打造了23艘的數量，是初期海洋核戰力重要的一環。

■實現水中發射的R-21型飛彈

搭載於629B潛艦上進行實驗的是「**P-21[R-21] 型**」飛彈（系統名稱「**Д-4[D-4]**」。R-21相當於能在水中發射的R-13，蘇聯在水中試射成功後，便將14艘的629型潛艦，改造成能搭載R-21飛彈的「**629A型**」（北約代號：高爾夫Ⅱ級）。至此蘇聯終於朝可投入實戰的潛射彈道飛彈開發邁出一大步，射程更增加至1,400公里。

就在同個時期，蘇聯第一艘核動力推進式彈道飛彈潛艦也跟著服役，名為「**658型**」（北約代號：旅館級Ⅰ級），是參考蘇聯首艘核潛艦627型設計而成（627型設計會在第3章解說）。658型潛艦原先是搭載R-13飛彈，由於事後換成搭載R-21，所以潛艦也跟著改造成「**658M型**」（北約代號：旅館級Ⅱ級），但同樣是在帆罩處搭載3座飛彈。當時蘇聯建造了8艘658型潛艦，其中7艘改造成658M型，剩下的1艘則變成「**701型**」試射用潛艦（北約代號：旅館級Ⅲ級，待後述）。

順帶一提，658型的一號艦「K-19」反覆經歷核反應爐事故、人員死傷，以及碰撞事故，而得到「被詛咒的潛艦」之稱，甚至還拍成電影呢。

■R-27與667A型潛艦——取得擁有實質的海洋核戰力

就在「**P-27[R-27]**」彈道飛彈和「**667A型**」潛艦（北約代號：洋基Ⅰ級）登場後，蘇聯終於擁有能與美國抗衡的潛射彈道飛彈及潛艦。

R-27彈道飛彈的形狀「短小」，更是日後蘇聯潛射彈道飛彈的原型，外觀與美國首款潛射彈道飛彈UGM-27A（又名「北極星A1」）相似，但UGM-27A使用固態燃料，R-27採液態燃料，以技術層面來說是完全不一樣的東西。

667A型潛艦在帆罩後方的船身處，搭載2排共計16座的R-27飛彈，這也

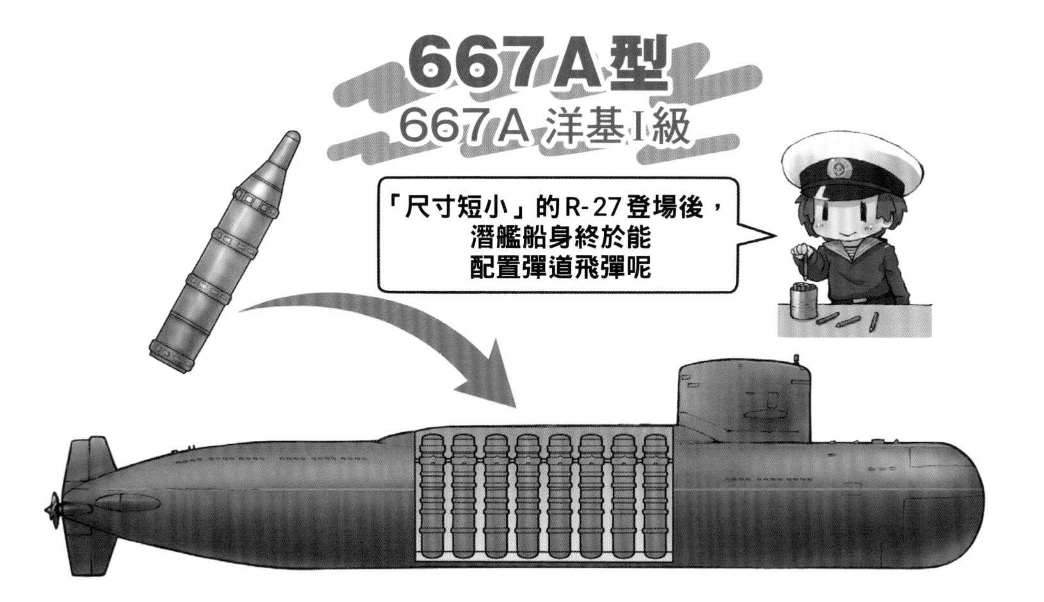

是蘇聯在開發彈道飛彈潛艦之路上首次採用的「標準配置」，不難看出667A型其實是仿照美國的喬治・華盛頓號打造而成。另外，667A型當然也是採用核動力推進。從蘇聯打造高達34艘667A型潛艦數量來看，就能知道這艘潛艦是多麼具代表性。R-27的飛彈系統名稱為「**Д-5**[**D-5**]」，667A型潛艦計畫暱稱則為「**Навага**」(直譯為「細寬突鱈」)。

接著，R-27又朝多彈頭發展（搭載3枚），名為「**Р-27У**[**R-27U**]」(系統名稱為**Д-5У**[**D-5U**])，並且搭載於「**667АУ**[**667AU**] **型**」潛艦上。不過潛艦上的彈頭無法瞄準不同目標，只能像散彈一樣將彈頭撒出。以667A型潛艦改造而成的667AU型潛艦有7艘，直接從零打造的667AU型共6艘，總計13艘下水服役（這些都包含在前述的34艘內)。

■**2節式大幅拉長射程的R-29型**

第385實驗設計局以開發R-27時習得的技術，推出了全新系列的「**Р-29**[**R-29**]」彈道飛彈，並搭載於前述的701型潛艦上進行實驗。R-29採2節式設計，射程大幅拉長為7,800公里。這樣的射程使蘇聯航行於北極海與鄂霍次克海的潛艦具備足以朝美國本土發動攻擊的優勢。該系統名稱為「**Д-9**[**D-9**]」。

為了搭載R-29飛彈，蘇聯以667A型改造成「**667Б**[**667B**] **型**」(北約代號：德爾塔Ⅰ級）潛艦。由於彈道飛彈本身尺寸變大，發射筒所在的船身處會往上隆起，成了這艘潛艦外觀的特徵，搭載的飛彈數則減少為12座。此外，667B型潛艦計畫又暱稱為「**Мурена**」(Murena)，總計數量為18艘。

R-29改良型的「**Р-29Д**[**R-29D**]」，射程更遠，達9,000公里（系統名稱為「**Д-9Д**[**D-9D**]」)。搭載的潛艦是以667B型改良而成的「**667БД**[**667BD**] **型**」(北約代號：德爾塔Ⅱ級)。由於飛彈數增加至16座，因此船身跟著加長。順帶一提，667BD型潛艦計畫的暱稱為「**Мурена-М**」(Murena-M)。

■**液態燃料彈道飛彈的最終進化型**
——R-29R系列

自「**Р-29**[**R-29R**]」起，R-29R系列開始正式邁入多彈頭型（系統名稱為「**Д-9Р**[**D-9R**]」)。R-29R彈道飛彈系列除了具備3顆彈頭（20萬噸×3枚）的R-29R，還有總計7顆彈頭（10萬噸×7枚）的「**Р-29РК**[**R-29RK**]」，以及單彈頭型（45萬噸）的「**Р-29РЛ**[**R-29RL**]」，類型非常多樣。R-29R的多彈頭型飛彈不同於R-27U，具備真正的分導節，核彈頭可分別瞄準不同目標，然而，單彈頭型的R-29RL射程為8,000公里，相比之下，多彈頭型只有6,500公里，較為遜色。

搭載R-29R的潛艦為「**667БДР**[**667BDR**]」(北約代號：德爾塔Ⅲ級)，總計打造了14艘。其中1艘在作者撰寫本書時仍持續服役中。另外，蘇聯667BDR型之後的潛艦，都能同時發射飛彈（這裡的「同時」是指依序連續發射)。667BDR型潛艦計畫的暱稱為「**Кальмар**」(魷魚)。其後，R-29R更朝「**Р-29РМ**[**R-29RM**]」發展，在多彈頭的配置下，射程拉長到8,300公里（系統名稱為「**Д-9РМ**[**D-9RM**]」)。在蘇美削減戰略武器條約的約束之下，僅允許配置4顆彈頭的彈道飛彈。這些搭載4彈頭型飛彈的潛艦名為「**667БД**

PM[667BDRM] 型」，蘇聯總計打造7艘，其中6艘在作者撰寫本書時仍繼續服役中。667BDRM型潛艦計畫的暱稱為「Дельфин」(海豚)。

就在以R-29RM飛彈改良而成的「**Р-29РМУ[R-29RMU]**」飛彈(系統名稱為「**Д-9РМУ[D-9RMU]**」)問世後，便用來取代既有的R-29RM。R-29RMU和第1章介紹過的洲際彈道飛彈RT-23UTTKh一樣，能抗輻射及電磁波，同時能飛行於比平常更低的彈道(低飛軌道，depressed trajectory)。低飛軌道不僅能縮短抵達目標物的時間，飛彈也比較不會被早期預警雷達發現，射程變得更短。

以上為蘇聯時代的發展，但後來俄羅斯也持續改良R-29系列，分別在2007年與2014年接連投入**Р-29РМУ2[R-29RMU2]**和**Р-29РМУ2.1[R-29RMU2.1]**，兩款飛彈皆配置於667BDRM型潛艦上。R-29RMU2的彈頭更強化成50萬噸×4枚，據説最大射程可達11,500公里(作者猜測，這裡所説的最大射程，應該是減少搭載彈頭數的狀態)。更有資料指出，R-29RMU2.1具備能突破美國飛彈防禦系統的功能。兩者的計畫暱稱分別為「Синева」(藍色)和「Лайнер」(定期船)。

※1：不過，5個噴嘴裡，位於中間的主噴嘴為固定式，只有周圍4個輔助噴嘴能夠改變方向。

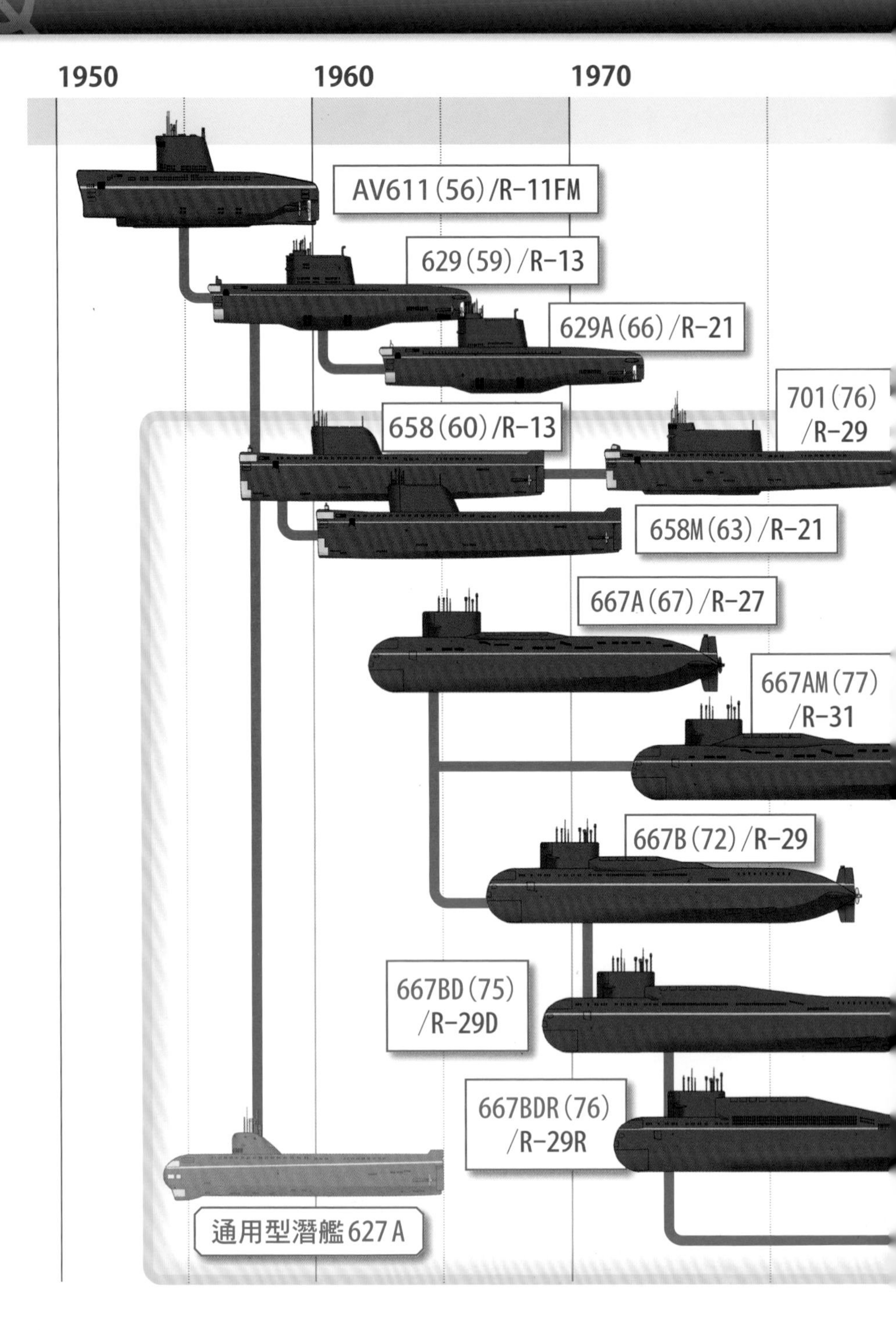
1950
1960
1970
AV611(56)/R-11FM
629(59)/R-13
629A(66)/R-21
701(76)
/R-29
658(60)/R-13
658M(63)/R-21
667A(67)/R-27
667AM(77)
/R-31
667B(72)/R-29
667BD(75)
/R-29D
667BDR(76)
/R-29R
通用型潛艦627A

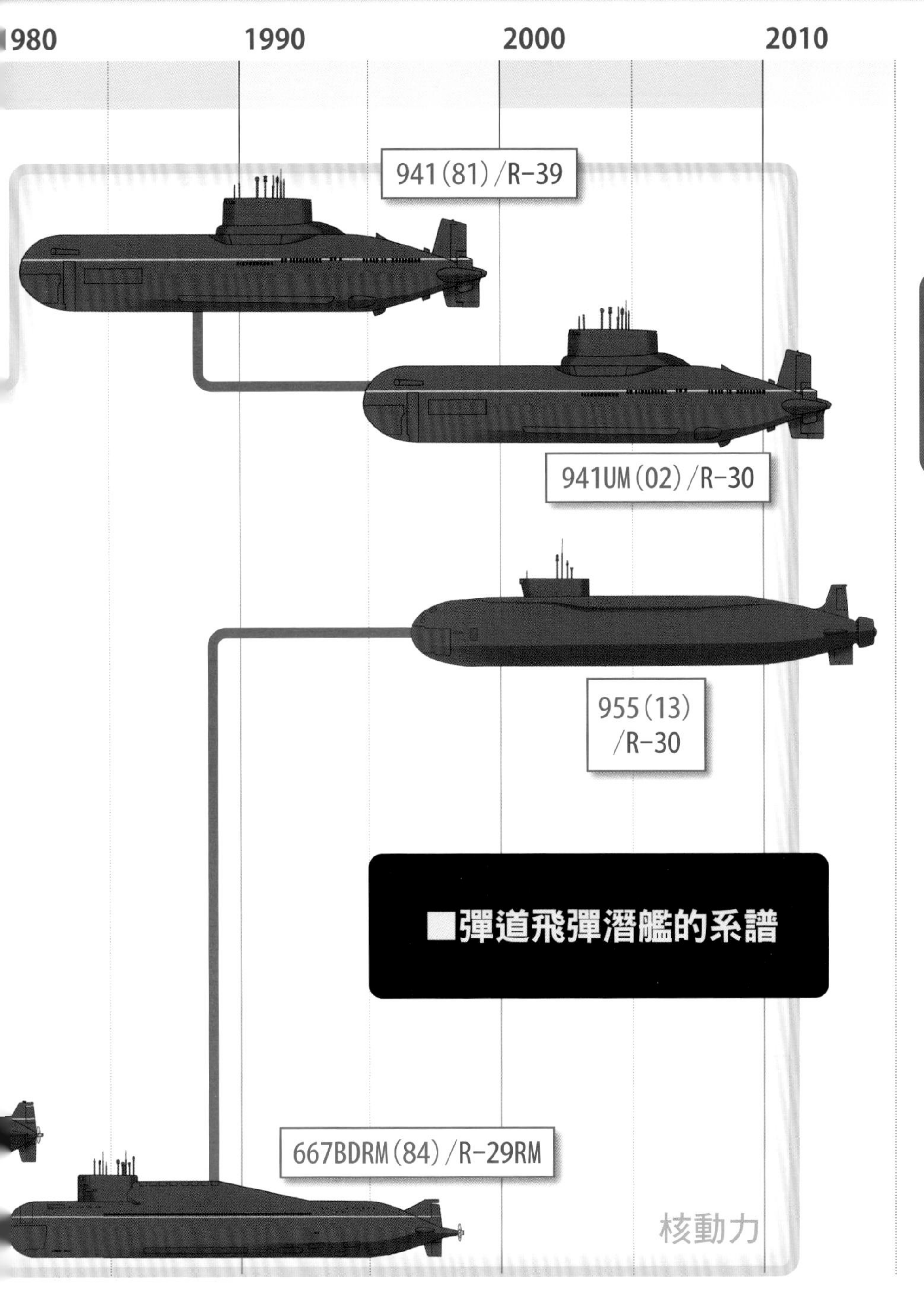

※( )內為投入使用年分。藍體字是搭載的彈道飛彈。

■液態燃料海洋發射型彈道飛彈的系譜

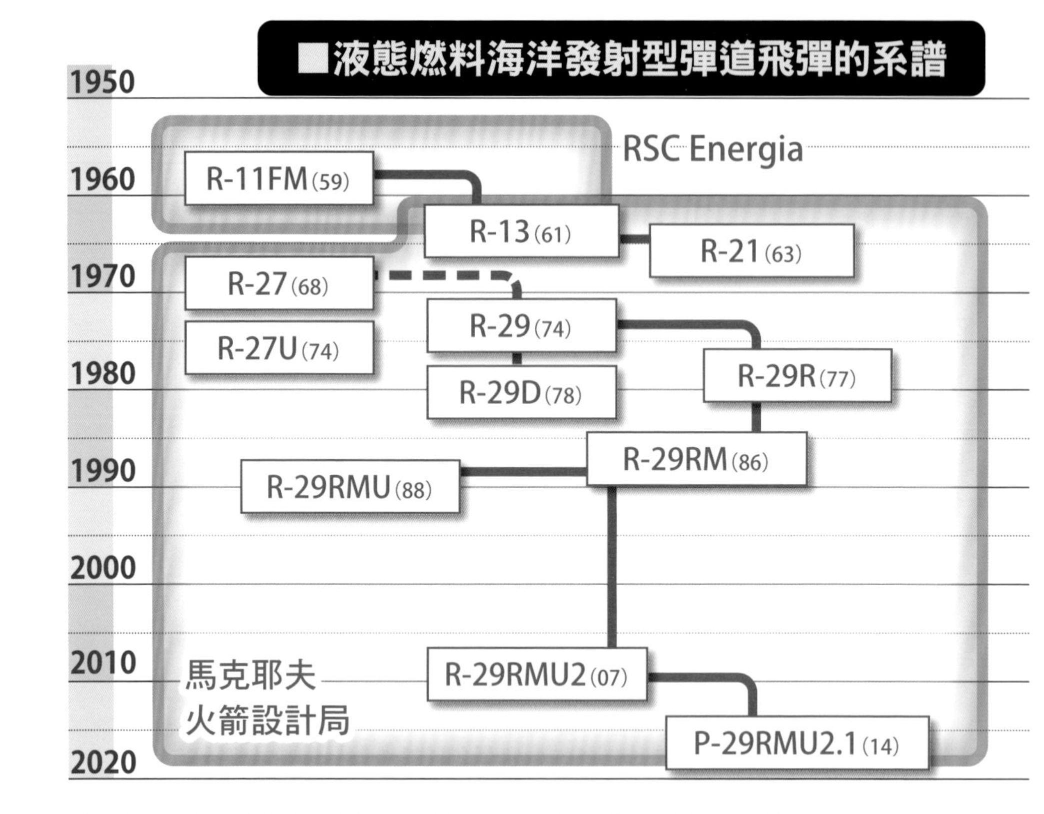

■固態燃料海洋發射型彈道飛彈的系譜

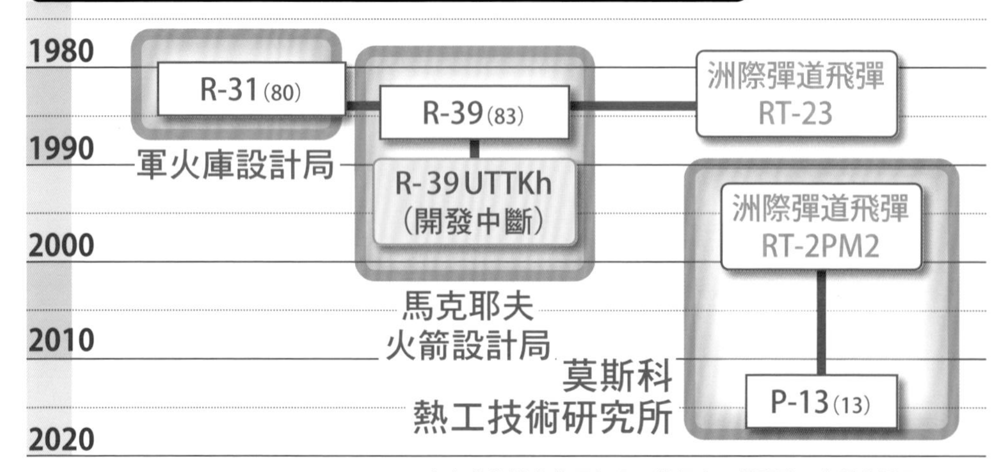

※( )內為投入使用年分。橘框表示僅開發,未納入採用。
※藍體字是指負責開發的設計局。

2.7 落後美國的固態燃料飛彈

■性能滿意度未達標的R-31

蘇聯一方其實也認同，使用固態燃料對潛射彈道飛彈來說較為有利，所以即便進度大幅落後美國，仍朝開發之路持續邁進。

蘇聯的首款固態燃料彈道飛彈，是由第7中央設計局開發打造的「**P-31**［**R-31**］」。可惜的是，R-31性能遠遠不及美國的彈道飛彈，規格多半止於試作概念，所以只有部署在1艘以667A型改造而成的「**667AM型**」潛艦（北約代號：洋基Ⅱ級）。另外，與R-31搭配的緩衝飛彈發射系統，在性能上也尚未完善，因此飛彈頂端並沒有「蓋狀物」，只有能夠維持水密性的環狀零件。發射後，環狀零件會在空中爆炸，與飛彈分離。此外，搭載R-31的系統名稱為「**Д-11**［**D-11**］」。

■R-39與941型超大型潛艦

蘇聯第385實驗設計局，將R-31開發所獲得的知識，與RT-23洲際彈道飛彈的技術加以整合，開發出「**P-39**［**R-39**］」（系統名稱「**Д-19**［**D-19**］」）。這款飛彈的發射重量可達84噸（包含緩衝飛彈發射系統，總計為90噸），尺寸之龐大，是過去未曾見過的潛射彈道飛彈（美國最大的UGM-133僅有59噸）。為了搭載R-39飛彈所建造的「**941型**」（北約代號：颱風級）潛艦擁有高達48,000噸的水下排水量，是史無前例的超巨大潛艦（美國最大的俄亥俄級潛艦也不過19,000噸）。

蘇聯以3組耐壓殼體錯位堆疊的方式

955型彈道飛彈潛艦
（©Ministry of Defence of the Russian Federation）

941型
颱風級

3組耐壓殼體
錯位堆疊的結構

全長與美國俄亥俄級潛艦差不多，
但寬幅多了近一倍！好龐大啊！

▽R-39：16.0m

▽R-29系列（搭載667B型）：14.8m

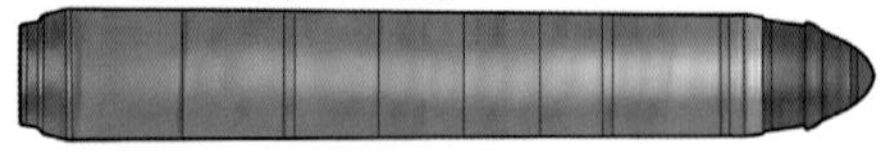

△美軍 UGM-133 三叉戟Ⅱ型：13.6m

搭載的R-39彈道飛彈
也很龐大呢。可惜
R-39UTTKh停止開發了……

打造這艘龐大潛艦，位於左右兩側的2組耐壓殼體中分別放有核反應爐、渦輪機、推進器，就像是將2艘潛艦綁在一起。另外，在帆罩前方的左右耐壓殼體之間，也配置了2排20枚的彈道飛彈發射筒。從全世界的彈道飛彈潛艦設計來看，將發射筒配置在帆罩前方的也只有941型潛艦了。

這款潛艦設計太過獨特，就連蘇聯軍也特別禮遇，在名稱前方冠上只有本潛艦才有的「重」（**Тяжёлые**）字，增設直譯名為「重型戰略火箭水中巡洋艦」（**Тяжёлые Ракетные Подводные Крейсеры Стратегического Назначения，ТРПКСН**）的艦種，船艦名稱也從原本的「K-○○」變成「TK-○○」（○○為數字）。蘇聯原本預計打造12艘重型戰略火箭水中巡洋艦（也就是彈道飛彈潛艦），不過進入80年代後半，蘇美關係開始「融冰」[※1]，所以最終僅完成6艘。941型潛艦計畫暱稱「**Акула**」（鯊魚）。

最後再聊點我個人的私事，全世界的艦艇之中，我這輩子最想登船看看的艦艇，第一名就是這艘鯊魚艦了。

■隨蘇聯解體而中止的R-39改良計畫

話說回來，R-39彈道飛彈尺寸雖然龐大，但無論射程還是投射重量，都比美國的三叉戟Ⅱ型遜色。針對這個問題，第385實驗設計局開始進行改良，開發出「**Р-39УТТХ［R-39UTTKh］**」。只不過，當時的蘇聯迎來「黑暗的90年代」[※2]，設計局經費遭大幅刪減，開發時機點極差，只試射3次便中止了計畫。如果當時能順利完成R-39UTTKh的開發，可能會成為史上最強的潛射彈道飛彈。R-39UTTKh的暱稱為「**Барк**」（三桅船，一種帆船），飛彈系統名稱為「**Д-19УТТХ［D-19UTTKh］**」。

R-39UTTKh中止開發後，也對941型潛艦造成影響，6艘潛艦的其中1艘改成試射用，剩餘3艘拆解，2艘則是保留著發射筒，繼續被栓在港邊。1997除役那年，四號艦TK-13與六號艦TK-20分別齊射（連續發射數枚飛彈）19枚與20枚飛彈，在最後畫上完美的句點。

■新時代海洋核戰力──R-30與955型

蘇聯進入俄羅斯時代後，開發出全新樣貌的「**Р-30［R-30］**」固態燃料潛射彈道飛彈。這次由「第1中央設計局」操刀，以非常成功的移動發射式洲際彈道飛彈RT-20PM系列作為基礎打造而成。R-30飛彈又名「**Булава**」（布拉瓦），布拉瓦就是錘矛（mace）之意，是哥薩克人（Cossacks）會使用的帶尖刺武器。

R-30飛彈所搭載的潛艦，是以原本要搭載R-39UTTKh的「**955型**」（俗稱「北風之神級」）改造而成。955型可說是667系列的正規進化型，它不像941型那麼龐大（不過水下排水量仍可達到24,000噸），帆罩後方配置了2排16座的發射筒，算是符合「常規」設計的彈道飛彈潛艦。一號艦下水服役的時間雖然是2013年，但早在蘇聯時代便已開始著手設計。俄羅斯規劃建造12艘955型潛艦，當中也包含改良的「**955A型**」，作者撰寫本書時其中4艘更已下水服役。此外，955型潛艦計畫的暱稱為「**Борей**」（北風之神）。

※1：進入80年代後半，蘇美兩國為了抑制兩國不斷飆高的軍事經費，雙方決定相互妥協，此決策稱為「融冰」或「緩和政策」。
※2：1991年12月25日，蘇聯解體。大部分的軍隊雖然編制入新誕生的俄羅斯聯邦軍，但軍事經費已大幅刪減。

第2章

955型
北風之神級
鍾矛是
哥薩克人使用的
帶尖刺武器！
955型的特徵
在於帆罩有點外凸！
……不過，955Ａ型
看起來就很正常啊？
▽955型
▽955A型
縱舵、橫舵設計
完全不同呢！
變得比較長呢！

彈道飛彈潛艦戰力推移

■冷戰極盛期的數量超過90艘

下方圖表彙整了蘇聯／俄羅斯每年的彈道飛彈潛艦服役數，同時也可與美國作比較。

1960年前後，蘇聯以領先美國之姿急速整備彈道飛彈潛艦。可是前面也有提到，這些潛艦只能在帆罩處配置少量飛彈，且採用的是柴電推進系統，充其量不過是「總之先湊個數量」的潛艦，實在難登戰場。不過，從下圖也可看出，自60年代後半，蘇聯開始邁入另一個巔峰，開發出貨真價實的667型系列潛艦，一路開發整備來到70年代中期，終於能和美國並駕齊驅。

其後的70年代後半至90年期間，蘇聯的服役潛艦數並沒有太大變化，但舊型潛艦不斷替換成新的667型系列，彈道飛彈也隨之更新，令蘇聯的戰力大幅提升。1986年巔峰時期，彈道飛彈潛艦數量甚至達94艘之高（其中78艘為核潛艦），勢力龐大到身在現代的我們都難以想像。儘管現在多數日本人認為中國海軍的威脅很可怕，不過中國的彈道飛彈潛艦頂多4～5艘，這麼比較下來，應該就不難想像冷戰時期的軍備競賽有多麼驚人了吧。

■彈道飛彈潛艦服役數——與美國比較

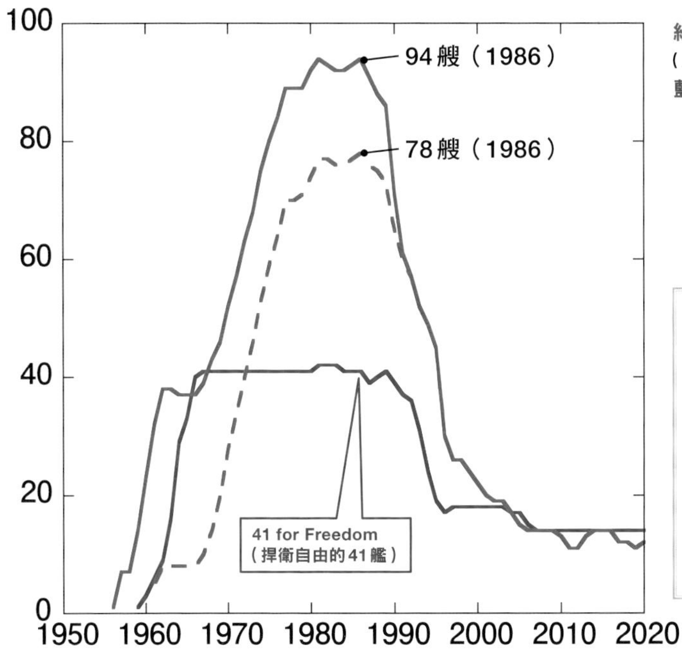

紅：蘇聯／俄羅斯
（虛線為其中的核潛艦數）
藍：美國

蘇聯／俄羅斯與美國的彈道飛彈潛艦服役數推移。虛線代表蘇俄彈道飛彈潛艦中的核潛艦（美國全數皆是核潛艦）。90年代後半，美國配置了18艘俄亥俄級核潛艦，其後4艘改造成巡弋飛彈核潛艦，目前彈道飛彈核潛艦數為14艘。

■蘇聯解體後的急衰

不過，蘇聯如此龐大的潛艦部隊，卻在1990年卻走上急衰之路。隨著蘇聯解體與冷戰結束，俄羅斯開始規劃讓艦齡較老的潛艦逐一除役，進入21世紀後，潛艦數量僅剩20艘左右。這時的潛艦群仍以667BDR型和667BDRM型為主力，不過到了2000年代，667BDR型潛艦跟著除役，2010年左右的潛艦總數減至10艘左右。

2010年代之後，955型潛艦開始下水服役，終於建構出俄羅斯海洋核戰力的兩大支柱，分別是「搭載R-30固態燃料飛彈的955型潛艦」以及「搭載R-29RMU2液態燃料飛彈的667BDRM型潛艦」。俄羅斯預計打造12艘955型潛艦，不過在削減戰略武器條約的限制下，核彈頭總數受限。如此看來，俄羅斯只能讓部分667BDRM型潛艦除役，才能增加955型的艦數。

然而，美國自60年代前期便加緊配置喬治・華盛頓級潛艦，且數量維持在41艘，美方稱其為「41 for Freedom」（捍衛自由的41艦）。進入80年代之後，勘稱美國最終版的俄亥俄級彈道飛彈潛艦開始下水服役，這時「41艦」的數量才慢慢減少，冷戰結束後更是一艘接著一艘除役，並全數切換成俄亥俄級潛艦。美國打造的18艘俄亥俄級潛艦，其中4艘也改造成巡弋飛彈核潛艦，此後彈道飛彈核潛艦便一直維持在14艘的數量。

667BDRM型彈道飛彈潛艦
（©Ministry of Defence of the Russian Federation）

蘇聯海軍的編制與配備

■5支艦隊

無論是蘇聯時代，還是目前的俄羅斯聯邦，蘇俄海軍皆由5支艦隊組成。近年因為戰力整合運用※1的緣故，這些艦隊皆隸屬負責統括陸海空三軍的地區指揮部，也就是「軍區」旗下。但有鑑於北極圈（北極海）在戰略上的重要性，唯獨北方艦隊採獨立編制，自成一支以自身為中心的整合部隊。

北方艦隊（Северный флот）：
北方艦隊整合戰略指揮部
波羅的海艦隊（Балтийский флот）：
西部軍區管轄
黑海艦隊（Черноморский флот）：
南部軍區管轄
裏海區艦隊（Каспийская флотилия）：
南部軍區管轄
太平洋艦隊（Тихоокеанский флот）：
東部軍區管轄

■潛艦配備

5支艦隊中，北方艦隊與太平洋艦隊屬藍水海軍（遠洋海軍），也是唯二有配置彈道飛彈潛艦和核潛艦的艦隊。裏海區艦隊則沒有配置潛艦。

北方艦隊的司令部位於摩爾曼斯克，與潛艦基地相距遙遠，後者分散於科拉半島北岸及面朝巴倫支海的峽灣內，像是加吉耶沃、扎帕德納亞利特薩、維佳耶沃等地，其中彈道飛彈潛艦部署於加吉耶沃和扎帕德納亞利特薩。北方艦隊雖然是地處最北的蘇聯艦隊，但多虧了北大西洋暖流，這些港口就算到了冬天也不會結冰。

太平洋艦隊的司令部設於符拉迪沃斯托克（中文傳統名為海參崴），核潛艦基地位於盧比奇，柴電潛艦基地則位於符拉迪沃斯托克。盧比奇靠近堪察加半島的前端，隔著克拉舍寧尼科夫灣，潛艦部隊司令部就設在對岸的維留琴斯克（連同盧比奇一帶，在行政區劃上都屬於維留琴斯克市）。這個位置無法從陸路抵達，稱其為「世界的盡頭」也不為過，實在佩服蘇俄竟然能在這樣的地方建設如此大規模的軍港。因為盧比奇面朝太平洋，如果要進入鄂霍次克海，就必須經過千島群島。不過，擇捉島以北的海峽在冬天會結冰，水面艦艇無法通過，但如果是潛艦，尤其是核潛艦就完全沒有問題。

波羅的海艦隊的潛艦基地，則設在聖彼得堡外海的喀朗施塔得，黑海艦隊的潛艦基地則部署在新羅西斯克。

■核戰力的戰略運用
——「聖域」及對南半球的巡防

前面有提到，蘇俄的彈道飛彈潛艦部署在北海艦隊和太平洋艦隊。從彈道飛彈潛艦的特性來看，集中配置在藍水海軍是理所當然的。另外還有一個關鍵，那就是北海艦隊和太平洋艦隊分別握有北極海及鄂霍次克海——這兩個對蘇俄而言是絕對不能讓敵人侵入的「聖域」。由於潛射彈道飛彈的射程已相當於洲際彈道飛彈，基本上蘇俄從安全的「聖域」朝美國本土發動攻擊是沒有問題的。

不過，一直處在同個海域，反而有損潛射彈道飛彈的優勢；再者，美國也在與蘇聯對峙的國土北側布下了密集的防禦網。為了讓自己也能從守備較薄弱的南側攻擊美國，蘇聯很早就開始執行彈道飛彈潛艦巡防南半球的任務（遠洋任務）。儘管此項任務在蘇聯解體後一度中斷，但自2014年起又再度重啟。

■水面戰艦配備

針對水面戰艦的部分，身為藍水海軍的北方艦隊與太平洋艦隊同樣集中部署強大的大型艦艇（1144型核動力飛彈巡洋艦和1143型重型航空巡洋艦等）。就算是賦予相同任務的其他內海艦隊，卻也只配備了較小型的艦艇（如大型反潛艦與小型反潛艦的差別）。

北方艦隊最大的水面艦艇基地位於科拉半島的北莫爾斯克，其重要程度相當於美軍的諾福克海軍基地。附近的波利亞爾內也設有水面戰艦基地，白海下方的北德文斯克則部署了小型反潛艦。

波羅的海艦隊部署在蘇俄「飛地」加里寧格勒的波羅的斯克，黑海艦隊則在克里米亞半島的塞瓦斯托波爾部署了水面艦艇。裏海區艦隊的水面艦艇基地原本設在裏海西岸的馬哈奇卡拉，近年則移到較南邊的卡斯皮斯克。

太平洋艦隊則在符拉迪沃斯托克和納霍德卡間的福基諾設有水面戰艦的最大基地。大型反潛艦則配置在符拉迪沃斯托克。另外，考量近海防禦需求，蘇聯也在重要的核潛艦基地——盧比奇附近的堪察加彼得羅巴甫洛夫斯克部署了小型艦艇。

※1：近年來，世界各國都在追求陸、海、空（以及太空）戰力三位一體的指揮模式，這樣的一體運用稱作「整合運用」。俄羅斯在各軍區設置「整合戰略指揮部」，讓區內的陸海空戰力得以整合運用。

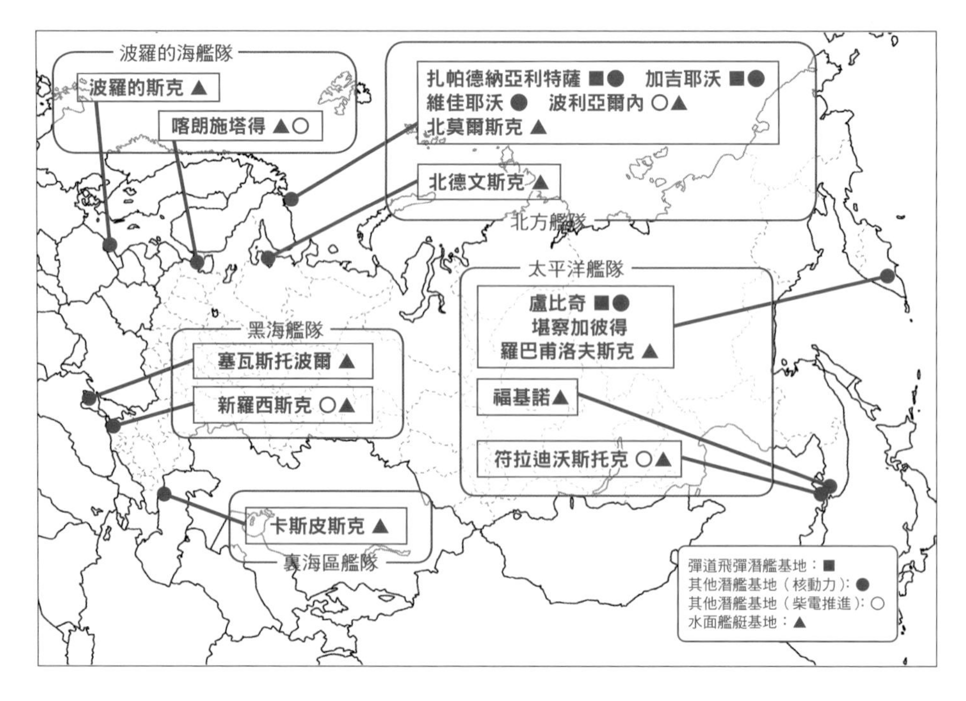

第3章
潛艦

©Ministry of Defence of the Russian Federation

日本不可輕忽的蘇聯潛艦威脅

早在冷戰期間，日本的海上自衛隊便擁有世界最高水準的「反潛能力」。目前海上自衛隊仍保有4艘反潛航空母艦（日向級、出雲級），這樣的實力可說世界絕無僅有。日本會如此重視反潛能力有兩個考量。

其一是從太平洋戰爭學到的教訓——當年美軍潛艦部隊斷絕海路運輸，導致日本難以從國外取得資源物資。日本四面環海，確保海路運輸安全直至當代依然是最為重要的課題。其二則是考量到日本與擁有全世界最強大潛艦部隊的國家相鄰，這國家和日本同盟的美國甚至是不共戴天之敵。不用多說，各位應該都知道就是蘇聯。

■美軍3倍規模的潛艦戰力

不過，蘇聯握有的潛艦戰力究竟有多麼龐大？讓我們以服役中的潛艦總數來與美國相比較（測試用的非作戰潛艦除外）。本書讀者應該都知道，美軍——尤其是海軍，擁有壓倒性的戰力，甚至強大到就算與自己除外的所有國家為敵也不會輸。各位先記住這件事，再來看看下面的服役潛艦數比較圖。

蘇聯海軍在極盛時期，可是擁有數量超過美國海軍3倍的潛艦數。以總體海軍戰力來看，蘇聯或許不敵美國，但光看潛艦部分，蘇聯絕對擁有世界最強大且壓倒性的實力。仔細想想，如果蘇聯當年都可以支配超過400艘潛艦，那麼現在的「新冷戰」似乎就有點小巫見大巫了呢。

二次世界大戰結束，冷戰開始後，蘇聯與美國的戰力出現天差地遠的落差。尤其在面對美軍無敵的航母機動艦隊，其規模實力之強大，讓蘇聯完全不敢有正面對決的念頭。那麼，必須找出其他手段——於是蘇聯想到了發展潛艦部隊來對抗美國。如此孕育而生的龐大戰力在與美國抗衡上確實扮演了極重要的角色，但無法否認的是，這戰力在維持與整備上也帶來負擔，甚至演變成日後拖垮蘇聯的關鍵因素。

延續第2章的彈道飛彈潛艦，本章將說明通用型潛艦與巡弋飛彈潛艦。

■蘇聯／俄羅斯潛艦服役數——與美國比較

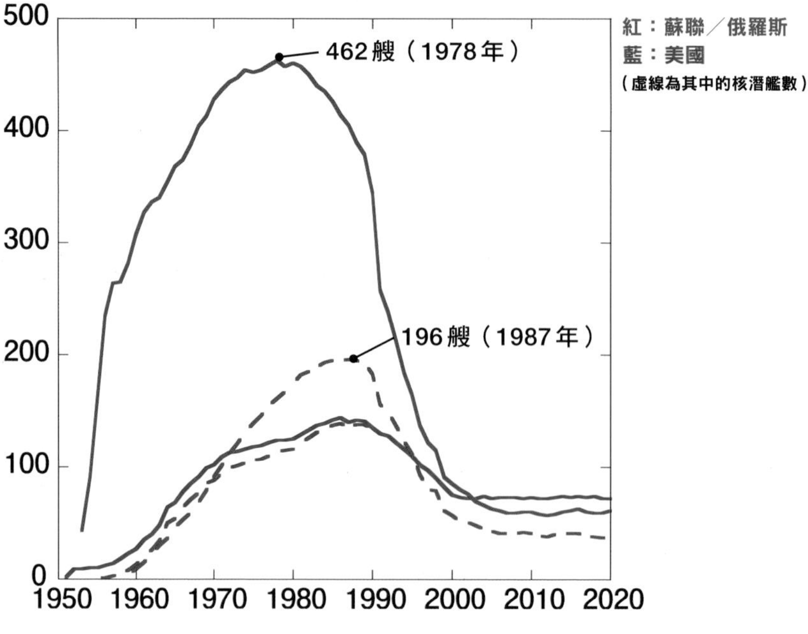

紅：蘇聯／俄羅斯
藍：美國
（虛線為其中的核潛艦數）

3.1 核動力推進與柴電推進

■柴電推進

第2章站在彈道飛彈發射的角度，解說了技術上的特性。本章將重新聚焦潛艦，彙整出技術方面的課題。

潛艦最關鍵的環節就是推進方式。由於水下活動相當於艦艇處於「無氧」環境，潛艦必須取得運行的推進力（水面艦艇、飛機、車輛裡的內燃機，都是燃燒空氣裡的氧氣來獲得推力）。這時登場的就是電力推進，也就是透過馬達驅動推進器。不過，要讓發動機運作必須仰賴電力，如果要為供應電力的電池充電，勢必要準備引擎之類的設備。可以說潛艦的潛航時間長短，正是取決於電池容量及耗電量，然而要長時間潛航海中是不可能的。

這種利用引擎（柴油引擎）或電力發動潛艦運行的方式，就稱為柴電推進。

■核動力推進

1960年代起，核動力推進技術漸趨普及。核能發電是在核反應爐裡「把水煮沸」，利用產生的水蒸汽讓渦輪機轉動，從而獲得電力。

煮滾水有兩種方法。一是讓接觸爐心的水（一次冷卻水）直接沸騰，並利用產生的蒸汽推動，這種爐體為「沸水反應爐」。另一種則是將第一次冷卻水施加高壓，避免水沸騰，接著透過熱轉換器，將熱能傳遞給其他的水（二次冷卻水）並使其沸騰，這種爐體叫作「壓水反應爐」。前者結構雖然單純，但後者能完全密封住接觸爐心的一次冷卻水，因此在輻射安全表現上較具優勢。而潛艦使用的反應爐皆為壓水反應爐。

另外，還有將液態金屬作為冷卻劑，取代一次冷卻水的反應爐（液態金屬冷卻），美國雖然停留在實驗階段，不過蘇聯可是有實際運用在量產型潛艦上。美國是以鈉作為金屬冷卻劑，蘇聯則使用了鉛鉍合金。

■兩者的優缺點

核動力推進有兩個優點，首先是輸出動能明顯高出許多。核動力推進的輸出動能比柴電推進多出一位數，潛艦噸數得以愈變愈大，速度也大幅提升。以水中最快速度來看，柴電推進最快頂多就20節，核動力則是能達到30節以上。

另一個優點是不需要氧氣就能驅動引擎，甚至能利用剩餘的輸出動能，以海水製造船員們所需的氧氣。這也代表著除非船員的糧食耗盡，否則潛艦能維持高性能並在水中潛航好幾個月。

一般而言，核能電廠每年都要更換燃料，但潛艦使用的是經過濃縮的燃料，所以能持續使用數年，最近的技術甚至能維持20～30年之久。這也代表潛艦從下水服役到除役期間，只需更換一次，甚至完全不用更換燃料。

核動力推進看似完美，但其實第2章就曾提到，它有著比柴電推進嚴重的噪音問題。即便不討論推進器，光是反應爐本體冷卻水的循環幫浦、配管內的流水、轉動的渦輪機，以及會發出最大聲響的傳動裝置等都會是噪音來源。反觀柴電推進只要發動機運作就能潛行，非常安靜。各位不妨將柴電推進的噪音想

柴電推進構造

核動力推進（壓水反應爐）構造

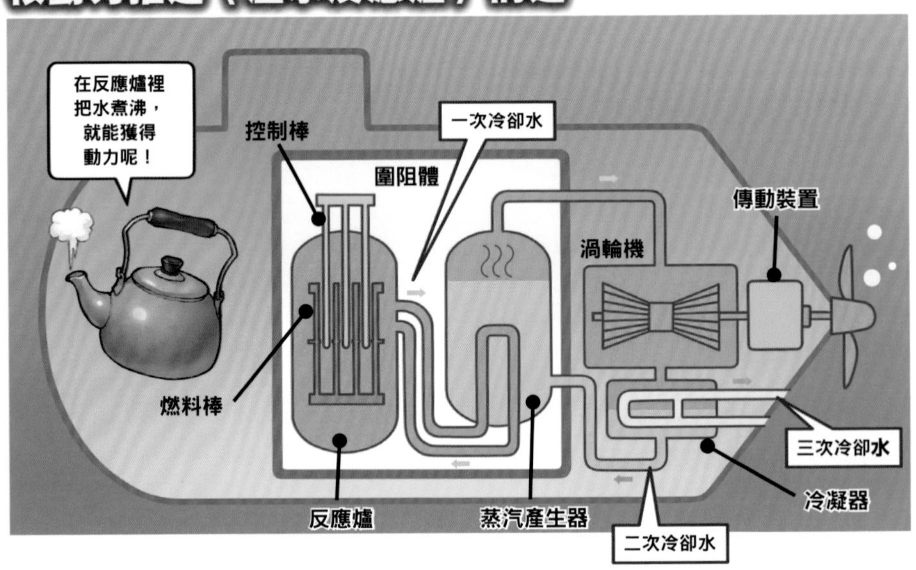

像成電動車或油電混合車的馬達聲，應該會比較好懂。

每個國家會考量其中的優缺點，評估究竟該採用哪種潛艦。美國潛艦基本上都在距離本國遙遠的海域活動，因此所有潛艦都採核動力推進。不過，日本潛艦的活動範圍多半為近海海域，且以專守防衛為原則，因此所有潛艦都是柴電推進。另外，要負起遠洋及沿岸防禦任務的蘇聯／俄羅斯潛艦則是兩者並用。

3.2 提升隱密性

■提升靜音表現

為了提升潛艦的靜音表現，推進方式除外的設計也做了許多嘗試。

與推進器相關的設備中，會發出聲響的反應爐、渦輪機、傳動裝置、柴油引擎、馬達等在固定於船身時，會採用防震結構。另外還會將船外的螺旋推進器的表面施加研磨拋光，或是裝上覆緣環（shroud ring，能降低聲響朝單一方向傳開來）。

針對船身部分，除了採用兩層船殼的複殼式結構，船身表面也會加裝吸音板（橡膠等材質），採用和建築物一樣的隔音施工。

■消除船艦本身磁性

潛艦除了要考量隱密性，也不能忘了磁力。潛艦本身是個龐大鐵塊，再加上鐵（鋼）帶有強烈的磁性，即便再怎麼安靜，外界依舊能偵測到區域性的磁場變化。潛艦除了會搭載消除船身磁力的消磁裝置外，建造時也必須挑選磁性較弱的鋼材。蘇聯／俄羅斯甚至有些潛艦的船殼，都是以非磁性材質的鈦打造而成（後述）。

■朝長期潛航發展——艦型變化

除此之外，潛艦的形狀也很重要。在設計船隻時，會考量怎麼樣的形狀能盡量降低水的阻力，但其實水面與水中的阻力情況不太一樣。船艦航行水面時，水面會產生波浪，帶來波浪阻力。初期的柴電潛艦基本上都在水面活動，所以艦艏設計會和水面艦艇一樣，採用能夠「破浪」的尖銳三角形（從上方俯視的形狀）。當年的技術還沒辦法讓船艦長時間潛航，只能算是需要時再潛入海中的「可潛艦」（可以潛航的船艦）。

就在技術提升的同時，船艦潛航的時間也逐漸拉長，如何降低水中阻力的課題也開始受到關注，進而發展出艦艏是類球面的橢圓形，艦艉則是紡錘型的「淚滴」設計。三角形艦艏在水面活動的速度優於水中，不過淚滴型在水中的速度表現卻更出色。另外，為了確保船內的寬敞空間，更發展出在淚滴型船體中間插入圓筒零件的「葉捲型」設計。目前的潛艦以淚滴型和葉捲型為主流。

3.3 通用型柴電潛艦

■為50～60年代奠基的初期潛艦

接著讓我們一起看看蘇聯的潛艦。第2章已經講過彈道飛彈潛艦，所以本章會聚焦在通用型潛艦和巡弋飛彈潛艦。首先就從通用型潛艦說起吧。

二戰後，蘇聯潛艦艦隊開始了柴電潛艦的建設，其中包含遠洋用「**611型**」（北約代號：祖魯級）、通用型「**613型**」（威士忌級）以及沿岸用「**615型**」（魁北克級）。這些型號算是從二戰期間延伸而來的「可潛艦」，雖然定位為過渡期潛艦，造艦數卻也相當可觀：611型的艦數為21艘，613型為215艘，615型則有30艘，共同擔負起冷戰初期的潛艦戰力。

即便後繼艦種逐步下水服役，從第一線退下的611型和613型潛艦仍被改造成各種實驗用船艦，對武器開發帶來極大的貢獻。像是第2章也有提到，蘇聯的首艘彈道飛彈潛艦V611型，就是以611型改造而成；而以613型改造[※1]的潛艦種類更有多達25種。

611型的後繼艦種為「**641型**」（北約代號：狐步級），613型的後繼艦種則是「**633型**」（羅密歐級）。雖然兩者的艦艏都是延續採用舊款的三角形設計，但建造數量相當可觀，641型為75艘，還要加上18艘改良款的「**641Б［641В］型**」（北約代號：探戈級），633型也建造了20艘。633型潛艦甚至出口國外，比如中國在取得授權後建造了84艘，北韓從中國手上取得633型後，也開始在國內生產，目前仍持續服

役中。各位或許曾在新聞中看過北韓最高領導人金正恩視察綠色潛艦，那就是633型潛艦。另有報導指出，北韓甚至將633型加以改裝，已能搭載彈道飛彈。其中，641B型潛艦計畫還被冠上「Сом」（鯰魚）的暱稱。

初期的柴電推進潛艦當中，還有一款搭載燃氣渦輪機的「**617型**」（北約代號：鯨魚級），不過只建造1艘。另外還有4艘也負責平常任務的「**690型**」靶艦（北約代號：歡欣級）。

690型的船身採淚滴型設計，也影響了日後潛艦的形狀。此外，690型潛艦計畫暱稱為「Кефаль」（烏魚）。

■世界上最安靜的潛艦——877型

進入1980年代後，與舊世代蘇聯潛艦完全不同風貌的柴電潛艦登場，那就是「**877型**」（北約代號：基洛級）。以877型作改良的「**636型**」（基洛級改良型）更小型，且船身採淚滴型設計，講究絕佳的安靜性，號稱「世界上最安靜的潛艦」。

這兩款潛艦在近海防禦上擁有絕佳表現，因此大量出口海外。877型總計建造43艘，其中19艘出口他國。636型的29艘中有21艘同樣出口海外。除了價格低廉以外，使用操作性佳，877型和636型還能加裝後面會提到的「口徑」巡弋飛彈，功能表現強大，成了蘇俄的「暢銷」商品。目前仍為俄羅斯近海防禦的軍武主力（2021年1月時，仍有13艘877型和8艘636型潛艦服役中）。

877型潛艦計畫暱稱「Палтус」（鰈魚），636型暱稱「Варшавянка」則是《華沙之歌》的意思。

■陷入難題的次世代潛艦開發

到了2010年代，蘇俄又開發出用來取代877型／636型的新世代柴電推進

潛艦「**677型**」。有別877型／636型的複殼式船身，677型採單殼結構，讓潛艦尺寸得以更小巧。

俄方希望透過單殼結構搭配新技術，讓潛艦更安靜，不過一號艦的建造實在太過困難，實驗結果也無法滿足海軍的要求，導致潛艦配備和二號艦之後的排定合約進度大幅落後。作者撰寫本書時尚無677型正式服役，所以俄羅斯還是持續建造636型潛艦。

677型潛艦計畫又名叫「**Лада**」（春天的女神──Lada，又直譯為拉達）。

※1：25種改造型如下── 613V、613Ts、613M、613E、613AD、613Sh、3P-613、613A、613Kh、613Avgust、61311、613D4、613D5、613D7、P-613、613RV、613S、666、640、644、665、V613、613E、613cUPAK、UTS-613。

3.4 核潛艦登場

■計畫搭載大型核魚雷的首艘核潛艦

就在1950年代中期蘇聯大量建造柴電推進潛艦之際，對手美國開始投入核潛艦的發展。蘇聯後腳當然也跟著投入開發，並在1958年首艘核潛艦下水服役，也就是具紀念性的「**627型**」（北約代號：十一月級），計畫暱稱「**Кит**」（鯨魚），完全符合這艘潛艦的形象。

627型原本規劃為搭載「T-15」核魚雷。T-15魚雷長23公尺，直徑1,550毫米，是發射重量達40噸的巨怪級魚雷，擁有100百萬噸的核爆威力，計畫用來破壞港灣設施。如此驚人的威力堪稱戰略武器，蘇聯當初預計搭載2枚在627型的艦艏。

然而，T-15並不是根據海軍用兵需求開發而成，所以對海軍而言根本就只是「過於非現實的武器」。T-15的射程只有40公里，如果要攻擊敵方港灣，就必須相當靠近敵國本土。前面第2章也曾提到，射程150公里的R-11FM彈道飛彈就已經被認定為毫無實用性可言了，T-15豈不更慘。

最終，T-15核魚雷計畫宣告廢止，627型則被改造成能搭載「一般」魚雷的「**627A**」通用型潛艦。不過，這款「一般」的魚雷同樣能選配（反核用）核彈頭。第2章還有提到，蘇聯首艘彈道飛彈核潛艦658型（旅館級）就是參考627型設計而成。

627型的配置雖然參考了611型柴電推進潛艦，唯獨艦身採葉捲型設計，不難看出蘇聯準備讓這艘潛艦長時間於水下活動。艦艉中央舵兩側設有2個螺旋推進器，分別與各1組的核反應爐和渦輪機相連。換句話說，627型潛艦具備2組核反應爐和渦輪機。蘇聯首款潛艦用核反應爐「**BM-A**[VM-A]」的可靠度非常差，除了一號艦K-3的輻射外洩事故，也經常可見大大小小的意外。

627型潛艦總共建造了13艘，不過還有另外1艘比較特別，搭載了以液態金屬（鉛鉍合金）為冷卻劑的核反應爐，該潛艦的計畫編號為「645型」。

■蘇聯通用型核潛艦基本款的確立

蘇聯藉由627型潛艦的運用經驗，打造出真正的通用型核潛艦「**671型**」（北約代號：維克托Ⅰ級），當中存在著許多日後蘇聯潛艦可見的標準特徵。例如船身採淚滴型設計，艦艏上半部為魚雷管，下半部為聲納系統。與船身連接曲線滑順的帆罩高度較西方國家的潛艦低，且前後較長。蘇聯潛艦的特色還包含了會將潛舵置於船身前方（西方國家多半置於帆罩處）。

此外，推進系統採用2座核反應爐／1座渦輪機／1座螺旋推進器的單軸式設計，核反應爐則搭載了VM-A改良版的「**BM-4**[VM-4]」。VM-4系列是蘇俄廣為運用的核反應爐，第2章介紹的677型潛艦和接下來會提到的670型（查理級）也都搭載了VM-4系列※1。

蘇聯總共建造15艘671型潛艦，其中3艘竣工時分別成為搭載「**РПК-2**[RPK-2]（**Вьюга**，暴風雪）」反潛火箭（反潛飛彈）的「**671B[671V]型**」潛艦，還有2艘變成搭載有「**ТЭСТ-70**[**TEST-70**]」線導魚雷的「671M型」潛艦。另外還有1艘是在下水服役後，才改造成能搭載「**3M10 Granat**（**Гранат**，石榴石）」遠程對地巡弋飛彈的「**671K型**」。671K型潛艦計畫又被稱為「**Ёрш**」（梅花鱸）。

此外，還有將671型潛艦加以改造，搭載大型魚雷的改良型潛艦「**671PT**[**671RT**]**型**」（北約代號：維克托Ⅱ級）。671型以前的潛艦搭載了西方國家也視為標配的533毫米魚雷，不過671RT型更追加了650毫米的魚雷。這枚魚雷不僅威力大到能一發直接擊毀大型船艦，在速度和射程表現遠遠凌駕在533毫米之上。

不只如此，533毫米及650毫米魚雷管都能發射前述的RPK-2型暴風雪飛彈。發射後，暴風雪飛彈會躍出海面，火箭在空中推進飛行的過程中，還能搭配降落傘將深水炸彈投擲在敵軍潛艦上方，這樣的命中度看似很差，但飛彈上搭載的是核彈頭，因此完全沒有命中度好壞的問題。

蘇聯計畫建造8艘671RT型潛艦，其中1艘卻在半途停工，只完成7艘。該潛艦計畫暱稱為「**Сёмга**」（鮭魚）。

671型
維克托I級

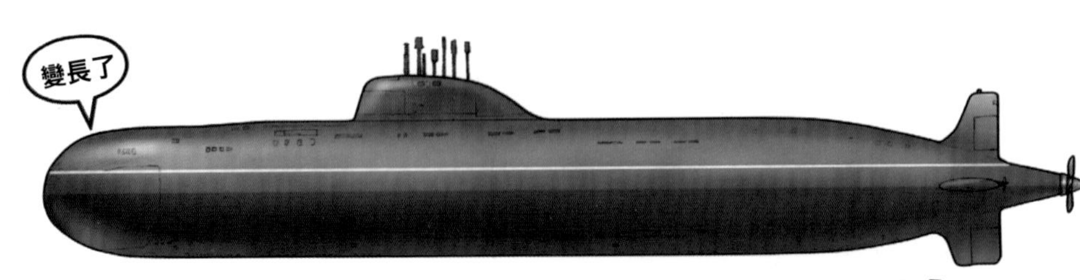

671PT型
671RT 維克托II級

671PTM型
671RTM 維克托III級

■搭載蘇聯版戰斧巡弋飛彈

繼前述改良後，蘇聯又開發出靜音表現比671RT型更卓越的「**671PTM［671RTM］型**」潛艦（北約代號：維克托Ⅲ級），螺旋推進器也從原本1座七葉變成2座四葉的對轉螺槳。

蘇聯投入建造的671RTM型總計27艘，其中26艘順利竣工下水服役，剩餘的1艘則在半途停工。26艘服役潛艦的其中8艘被改造成搭載「石榴石」巡弋飛彈的「**671PTMK［671RTMK］型**」潛艦（「**К**」取自巡弋飛彈「Крылатая ракета」的首字母）。「石榴石」是款能貼著地形以次音速低空飛行的對地攻擊巡弋飛彈，射程達2,500公里，相當於美國的BGM-109戰斧巡弋飛彈。石榴石飛彈會搭配533毫米魚雷管發射，目前仍有2艘671RTMK型潛艦持續服役中。

671RTM型的潛艦計畫，其暱稱為「Щука」（白斑狗魚）。

■集通用型潛艦之大成──971型

以671RTM型改良而成，堪稱通用型潛艦集大成的艦種為「**971型**」（北約代號：阿庫拉級），目前仍是俄羅斯通用型潛艦的主要戰力。說到開發過程，971型總被認為只是將945型鈦製潛艦換成一般鋼材，不過外觀和671RTM型非常相似，可以清楚掌握到971型是671RTM型的純正演化版。再加上計畫暱稱為「白斑狗魚－B」，應該不難聯想到兩者的關聯。而971型潛艦更安靜，甚至與美國當時開發不久的洛杉磯級潛艦表現不相上下。

從冷戰末期到90年代初期，蘇聯雖然著手建造20艘971型，但受時代所

趣，完成數量僅有15艘（10艘仍在服役）。其中4艘被改造成「**971M型**」，1艘則變成「**971У[971U]型**」，剩下的潛艦也依序改造中。除了服役的10艘，俄羅斯還出借1艘給印度海軍。

971型的北約代號為「阿庫拉級」，不過，第2章介紹過的941型潛艦計畫暱稱俄文發音也是「阿庫拉」，非常容易混淆。也因為西方國家的誤解造成錯亂，作者個人認為應避免使用北約代號（本書為了已經習慣北約代號的年長讀者大哥們，還是有列出北約代號，但還是希望各位能使用蘇聯／俄羅斯的正式標記名稱）。

■可發射巡弋飛彈的通用型潛艦

目前，俄羅斯最新款的通用型潛艦為「**885型（或稱08850型）**」，是971型正規的後繼艦種，但因為船身中央設有發射巡弋飛彈的區域，所以在分類上仍屬於巡弋飛彈潛艦。不過，885型可不只能發射巡弋飛彈擊毀敵方的航空母艦，更背負著各式各樣的任務，就這層定義來說，885型其實應歸類為「通用型」潛艦。

671型之後的潛艦雖然都是在艦艏上半部配置魚雷管，下半部配置聲納系統，不過885型並未採用此設計，大型化的聲納系統占據了整個艦艏，魚雷管則是放在聲納系統後方的船身側面，同時在船身中央配置了2排共計8座的巡弋飛彈發射裝置「**CM-346**[SM-346]」。

船身各個區域採單殼和複殼的組合搭配構成，力求安靜與輕量化。船身表面更從原本的橡膠吸音板，換成了新型的塗層素材，不僅提升了抗噪表現，還能

吸收電波，避免浮出水面時被偵測到。

蘇聯時代末期設計的第一艘885型潛艦的命運可說是曲折無比。該艘潛艦於1993年動工，96年卻停工，重啟建造已是2004年。2010年終於下水，2011年起開始試航，動工後歷經20年，到了2014年才正式服役。二號艦開始換成核反應爐，計畫編號也變成「**885M型**（**或稱08851型**）」。新型核反應爐「**КТП-6-185СП**[KTP-6-185SP]」的冷卻器採自然循環結構，未使用幫浦，這樣不僅能解決幫浦故障可能帶來的危險，也能讓爐體變得更輕巧，同時降低噪音。燃料更換期限為20～30年，所以潛艦服役過程中，頂多只需換一次燃料。因為更換爐內燃料需要好幾個月，這段期間潛艦無法執行任務，光從這點來看就是很大的進步呢。

作者撰寫本書時已有1艘下水服役，2艘試航（預計2021年正式服役），6艘建造中。該潛艦計畫暱稱為「**Ясень**」（白蠟樹）（也叫作雅森級）。

※1：671型搭載了VM-4A核反應爐，另外，VM-4則是與667A型和667AM型搭配，VM-4-1配置於670型和670M型，VM-4B是667B型和667BD型，VM-4S配置於667BDR型，VM-4SG是667BDRM型。667系列的介紹請參照第2章。

3.5 鈦製通用型潛艦

■鈦合金的優點

各位應該都知道鈦合金是一種高性能材質。鈦擁有相當於鋼的強度[※1]，比重卻遠低於鋼，所以重量相同時，強度表現比鋼更好，強度相同時，重量則輕於鋼。另更具備優異的耐熱性與耐腐蝕性。說到輕量合金，大家或許會想到鋁合金，鋁重量輕但強度表現差，還有缺乏耐熱性，所以飛機需要強度的翼樑或會接觸高溫的部分都是採用鈦合金。

原先是美國先投入鈦金屬加工技術的研究（其他各種技術也都是美國率先起步），但蘇聯在後面急起直追，力求實用化，終於超越美國，達到世界最高水準。這些高技術力也直接呈現在鈦合金船殼的潛艦建造上。鈦合金除了有上述優點，還是非磁性材質，作為潛艦素材再適合不過──先不去談加工困難、價格昂貴的話。

■魚雷也追不上的高速艦

蘇聯首艘鈦合金殼體潛艦是1969年下水服役的661型，但這艘潛艦的實驗性質強烈，因此只建造1艘就沒有下文（661型會在下個小節詳細解說）。

蘇聯首款量產的潛艦是「**705型**」（北約代號：阿爾法級）。705型除了使用鈦合金船殼設計，更搭載多項革新技術。例如採用從645型技術衍生而來的液態金屬（鉛鉍合金）冷卻式「**OK-550**」核反應爐，以及操艦系統大幅自動化，得以減少人員數。705型潛艦的船員數僅32人（同時期的671型就將近百人）。結合上述技術後，排水量更突破既有核潛艦的限制，控制在3,180噸之內。雖然船身小巧，引擎輸出表現卻等同於其他型號的核潛艦，最快航行速度可來到41節，不用1分鐘就可以加速達到最高速。同時代的其他潛艦根本無法掌握705型的蹤跡，就算發射魚雷也追不上。

705型潛艦總計建造7艘，其中在第402工廠／北德文斯克造船廠建造的3艘計畫編號為「**705K型**」。705K型搭載了以OK-550改良的「**БМ-40А**[BM-40A]」核反應爐，705K型潛艦計畫暱稱為「**Лира**」（豎琴）。

705型
阿爾法級

鈦合金船殼潛艦②

685型
麥克級

■極具威脅的潛行深度

繼705型後，蘇聯建造的鈦合金船殼通用型潛艦為「**685型**」(北約代號：麥克級)。705型講究鈦金屬「擁有等同於鋼的強度，但重量更輕」的特性，685型則是講究「重量相同，但強度比鋼更好」，打造出的堅固船殼大幅加深了潛艦的潛水深度。最大深度甚至可達1,250公尺，正常潛行深度也可維持在1,000公尺左右。同世代潛艦的971型（阿庫拉級）最大深度為600公尺，美國洛杉磯級潛艦的最大深度也不過450公尺。如果說前述的705型是「速度快到無法追擊」，那麼685型就是「潛航深到無法追擊」，沒有任何方式能夠攻擊潛至如此深海的潛艦。

不過，685型的建造數量僅1艘，且最終因事故而報銷。該潛艦計畫暱稱又叫「Плавник」(魚鰭)。

■因價格昂貴而中止的945型

蘇聯在705型的運用上累積相當心得後，便毅然決然地將鈦合金船殼潛艦列入主要武力，開始推動「**945型**」潛艦計畫（北約代號：塞拉Ⅰ級)。

艦上軍備和同時期的971型一樣，都配有533毫米和650毫米魚雷，並搭載能使用相同的發射管發射的RPK-6M／RPK-7反潛飛彈。不過很有趣的是，945型還配備了能夠迎擊反潛直升機的「9K38 Igla針式飛彈」(9K38 Игла)，並搭配新型的「OK-650A」核反應爐（冷卻劑為水)。該系列的核反應爐更成為日後俄羅斯新世代潛艦的標配。

945型原本是以量產為目標，但建造費用昂貴，再加上技術性問題，能建造的造船廠有限（只有一間造船廠有辦法建造)，蘇俄只好改量產前述的971型鋼材潛艦。最終945型僅建造2艘，不過2艘都還在服役中（但其中1艘為了現代化升級改裝與替換燃料，2013年便駛回船渠，作者撰寫本書時仍在進行中)。該潛艦計畫暱稱為「Барракуда」(梭魚)。

另外，蘇聯也打造2艘改良型的「**945A型**」(北約代號：塞拉Ⅱ級，皆持續服役中)，計畫暱稱「Кондор」(禿鷹)，後續甚至投入建造講究安靜性的「**945Б（945B）型**」潛艦，但受到蘇聯解體的影響，在建造進度差不多來到三成的時候只能宣告計畫中止，最後將船艦拆解。

※1：要留意的是，碳等微量成分的比例會大幅改變鋼的強度。

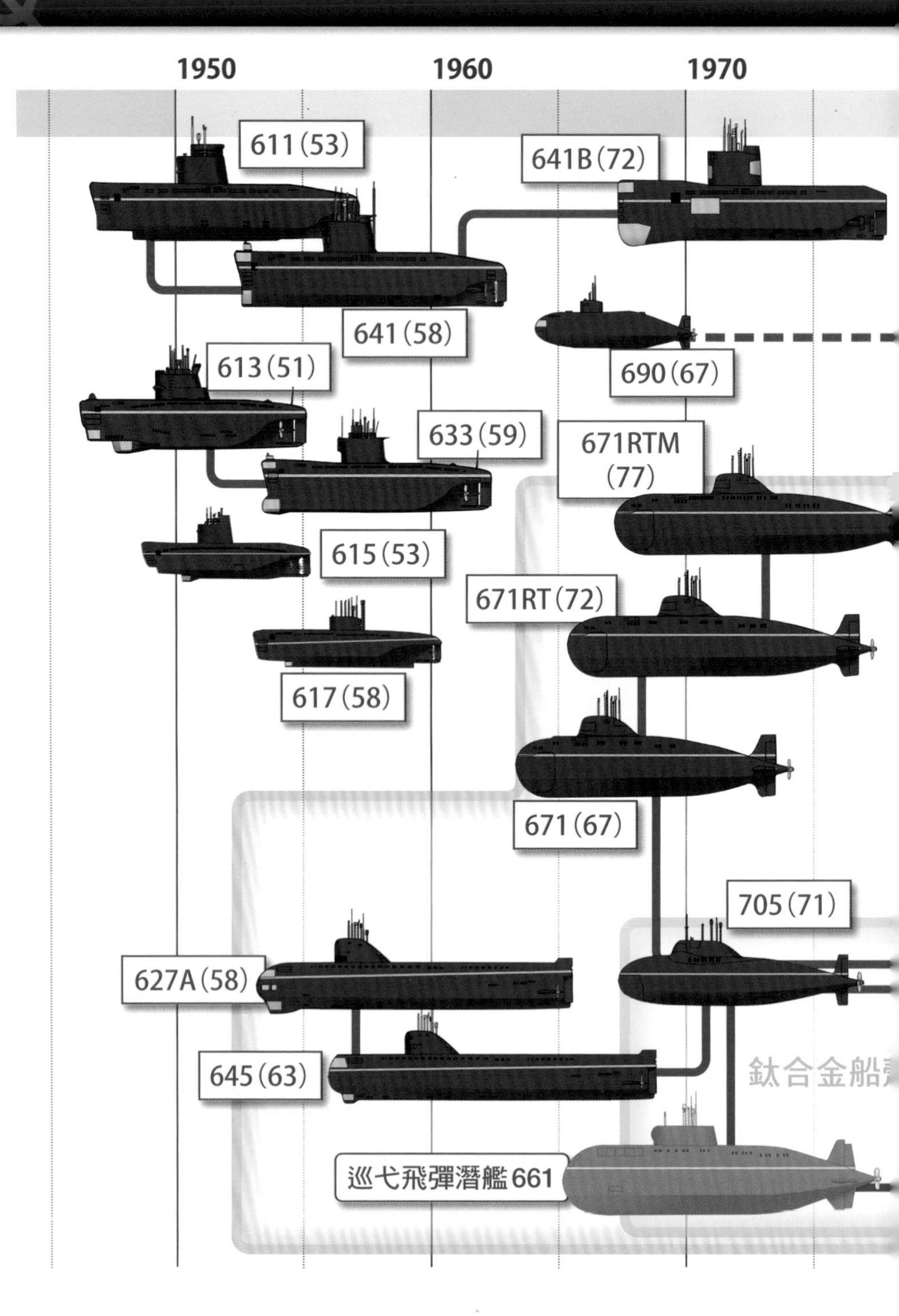
1950
1960
1970
611(53)
641B(72)
641(58)
690(67)
613(51)
633(59)
671RTM (77)
615(53)
671RT(72)
617(58)
671(67)
705(71)
627A(58)
645(63)
巡弋飛彈潛艦661

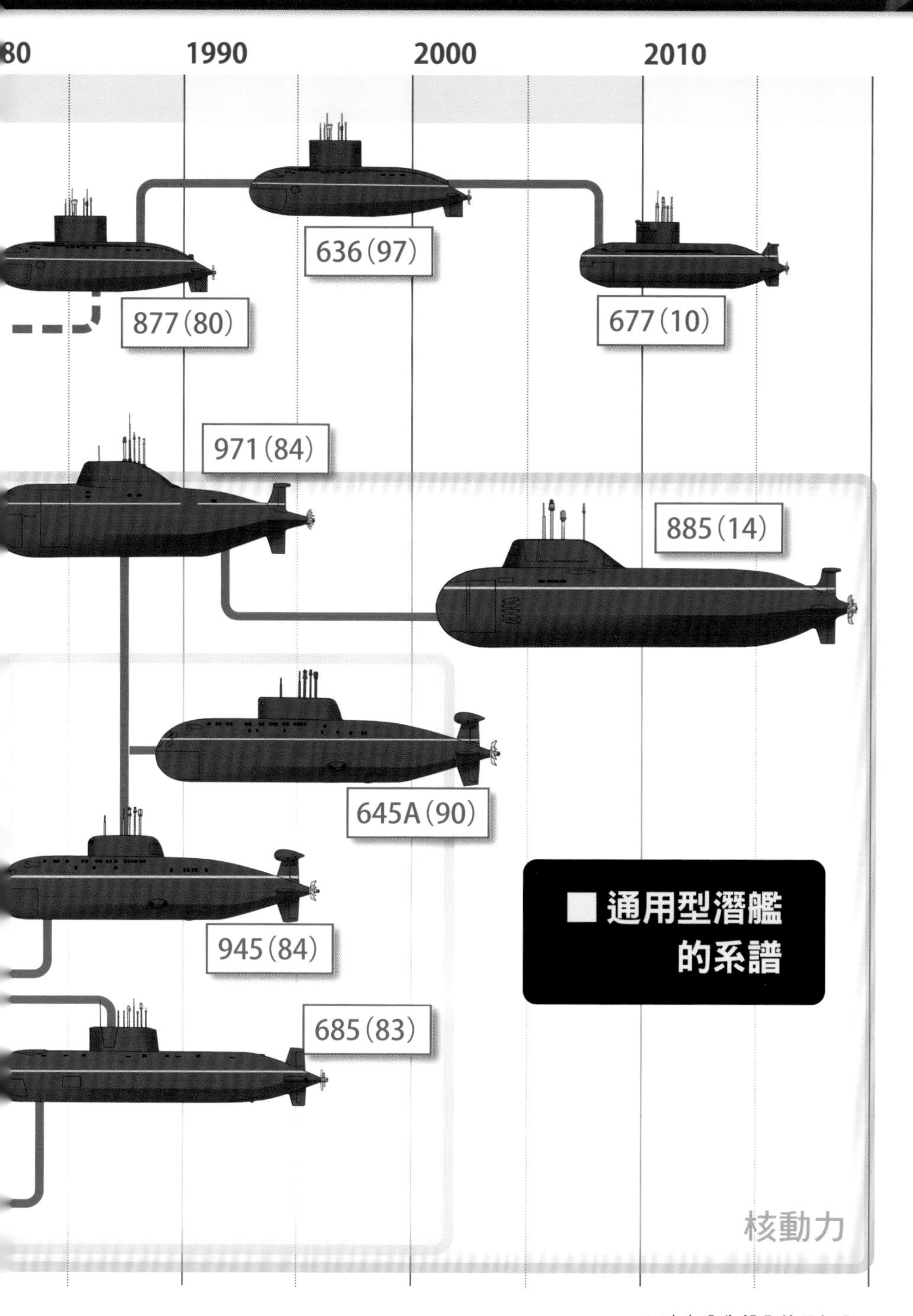

※( )內為投入使用年分。

第3章

3.6 巡弋飛彈潛艦

■迎戰美軍最強艦隊的「飽和攻擊」

對蘇聯而言，如何有效率地運用戰略武器來殲滅美國是最重要的軍事策略，也因為如此，蘇聯海軍必須死守自家的彈道飛彈潛艦。尤其是被視為「聖域」的北極海及鄂霍次克海更絕對不能讓美軍機動艦隊有任何靠近的機會。然而，美軍機動艦隊擁有非常縝密的防空網，更是他國海軍無法匹敵的「無敵艦隊」，所以想要接近甚至殲滅艦隊核心的航空母艦機率根本是零。

面對美國的部署，蘇聯選擇「從防空網範圍之外投入大量反艦飛彈，攻擊、攻擊、再攻擊」（也就是飽和攻擊）。如果敵人有辦法發射100枚飛彈迎擊，那我們就回敬個101枚來壓制！——這樣的思維真的很豪邁呢。

蘇聯的反艦飛彈可同時從空中、水面、水中三個方位發動全面攻擊，本節會針對負責「水中」範圍的巡弋飛彈潛艦——俄文稱作「Ракетный подводный крейсер скрылатыми ракетами」（直譯名為彈翼火箭搭載型火箭水中巡洋艦）（第1章有提到，「彈翼火箭」就是指巡弋飛彈）。

於是，蘇聯在設計這艘潛艦時，就設定好「會有巡弋飛彈」的大前提，也就是配合飛彈來設計潛艦，與講究武器通用性的美國海軍形成對比。

■以既有潛艦試射巡弋飛彈

蘇聯最早的潛射彈翼火箭（以下稱作「巡弋飛彈」）是60年代登場的「**П-5［P-5］**」，但這款飛彈僅能對地攻擊，所以只能說是潛射飛彈尚未發展完全時的補強用戰略武器。

P-5飛彈無法從水中發射，搭載飛彈的潛艦必須浮上水面，說真的實用性並不高，可是如果站在蘇聯獨有的「反航母用、大型飛彈」角度來看，其存在性確實很重要。各位對蘇聯反艦飛彈「無敵有夠大」的印象，就是來自P-5系列飛彈。另外，固態燃料推進器將飛彈推升空加速後，會借助渦輪噴射引擎巡航，所以彈體下方設有進氣口也是P-5系列外觀上的特徵。

蘇聯將P-5飛彈搭載於613通用型改造成的「**П613［P613］型**」潛艦上做各種測試。P613型的發射筒僅水平置於船身後方的甲板上，這種拉出裝置發射飛彈的模樣，像極了日本海軍的伊四百型潛艦和水面攻擊機「晴嵐」的搭配模式，充分詮釋出巡弋飛彈其實就是「無人機」的概念。

實驗結束後，蘇聯以613型潛艦改造了各6艘搭載有P-5飛彈的「**644型**」及「**665型**」。644型是將2座發射筒水平放置在帆罩後方的甲板上，665型的4座發射筒則是斜插入帆罩裡。

■超音速反艦飛彈P-6

P-5飛彈也被改造成反艦用飛彈，分別是潛射式的「**П-6［P-6］**」和水面艦發射的「**П-35［P-35］**」。這兩款飛彈的巡航速度可達1.5馬赫，已是超音速等級，敵人發現後的反應時間極短，迎擊困難。假設航空母艦的船桅高40公尺，可見距離（到水平線的距離／雷達偵察範圍※1）為24公里，但P-5飛彈巡航速度1.5馬赫的情況下只要47秒就能飛抵目標物（實戰過程中還會搭配護衛艦艇及飛機，所以偵察範圍會更廣）。超音速巡航速度就此成了該系列飛彈的「賣點」，後續型號也都傳承了這項優勢。

剛開始是由發射母艦（潛艦）負責導引作業，後來改良成由飛機（Tu-95RTs偵察機或Ka-25Ts偵察直升機）執行，因為飛機能飛至高空，偵察範圍也明顯變廣。

「**651型**」（北約代號：茱麗葉級）是蘇聯打造用來搭載P-6飛彈的新型柴電潛艦，船身左右兩側嵌入各2座總計4座的發射筒，發射時會斜立起來。蘇聯總共建造了16艘651型潛艦。

■冷戰中期的主力巡弋飛彈潛艦

造型就像是將651型前後拉長，同時搭載6枚P-5飛彈的潛艦為「**659型**」（北約代號：回聲Ⅰ級），搭載8枚P-6飛彈的則是「**675型**」（回聲Ⅱ級）。其後，蘇聯的巡弋飛彈潛艦皆採用核動力推進。659型只建造5艘，675型則有29艘，是冷戰中期巡弋飛彈潛艦的核心戰力。為了能配載新裝備，蘇俄也依序整修675型潛艦。

◇P-5反艦巡弋飛彈

第3章

「**675K型**」：搭載可透過人造衛星獲得情報的通訊系統，整改數量3艘。
「**675MK型**」：搭載P-500飛彈（後面詳述），整改數量9艘。
「**675MУ[675MU] 型**」：除P-500飛彈外，更搭載新型目標瞄準系統，整改數量1艘。
「**675MKB[675MKV] 型**」：搭載P-1000飛彈（後面詳述），4艘。

「**П-500[P-500]**」（Базальт，意指玄武岩）是P-6飛彈直系延伸而來的後繼型號，速度提升至2.5馬赫，射程更是P-6的兩倍（550公里），能應付美國航母艦載機的作戰半徑。接著，蘇聯甚至增加彈體結構的鈦金屬使用比例，力求輕量化，同時增加燃料搭載量，進一步開發出射程增為2倍（1,000公里）的「**П-1000[P-1000]**」（Вулкан，意指火山）飛彈。

■小型反艦飛彈的開發

蘇聯特有的大型反艦巡弋飛彈雖然具備長射程，卻也因為設備系統龐大，能搭載的潛艇需要擁有相當噸位，因此並不適合大量部署。蘇聯有著很長的海岸線，所以需要大量的小型艦艇來防禦沿岸，於是隨後投入開發可搭載於小型艦艇，尺寸更精巧的反艦飛彈。以性能面來說，這樣的飛彈射程約莫100公里，擁有次音速，表現不輸西方國家的反艦飛彈。蘇聯甚至將這種小型好運用的反艦飛彈開發成潛射規格。

「**П-70[P-70]**」（Аметист，意指紫水晶）飛彈就此問世，蘇聯更建造了搭載能搭載該款飛彈的「**670型**」潛艦（查理Ⅰ級）。此潛艦採淚滴型設計，配合飛彈形狀，因此艦體較小。P-70的8座發射筒集中斜置於艦艏，有別於大型巡弋飛彈的發射筒，P-70發射時不用立起發射筒。670型還有一個特點，就

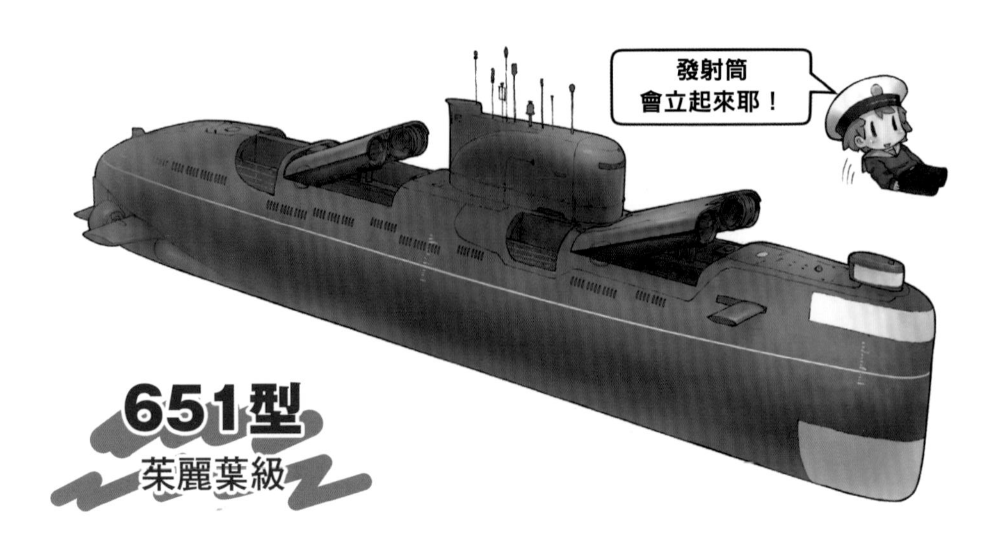

是首艘能在水中發射飛彈的巡弋飛彈潛艦。

670型潛艦的建造數量為11艘。至於搭載P-70改良型「**П-120**［**P-120**］」（**Малахит**，意指孔雀石）飛彈的「**670M型**」（查理Ⅱ級）則有6艘。此外，其中1艘670M型潛艦還被改造成後面內容將會提到的P-800飛彈試射艦（「**06704型**」）。

670型潛艦計畫的暱稱為「**Скат**」（鰩魚），670M型則是「**Чайка**」（海鷗）。

■**首艘鈦金屬船殼潛艦**

搭載P-70「紫水晶」飛彈的船艦中，「**661型**」（北約代號：Papa級）更是世界首艘以鈦金屬打造船殼的潛艦。

前面已經有說過鈦合金的優勢，不過這艘船身重量7,000噸的661型潛艦更配備2座核反應爐／渦輪機／螺旋推進器，具備潛艦不曾有過的高速性能。

1970年12月18日，661型甚至締造了44.7節的水下航行速度，至今尚無潛艦能打破紀錄（不過，據說當時噪音非常大，大到被形容「地球另一頭也聽得到」)。雙軸推進器的配置位置須相隔5公尺，所以艦艉呈岔開的形狀，這樣的造型則是傳承自後面會提到的949型潛艦。

661型算是實驗性質強烈的潛艦，蘇聯只建造了1艘。此型號潛艦的計畫暱稱為「**Анчар**」（見血封喉樹，一種桑科植物）。

※1：因為地球是圓的，所以到水平線的距離會依觀測者的高度不同（可見距離）。如果是一般成年男性（身高170公分），那麼可見距離約是4～5公里。觀測位置愈高，可見的距離就愈遠。

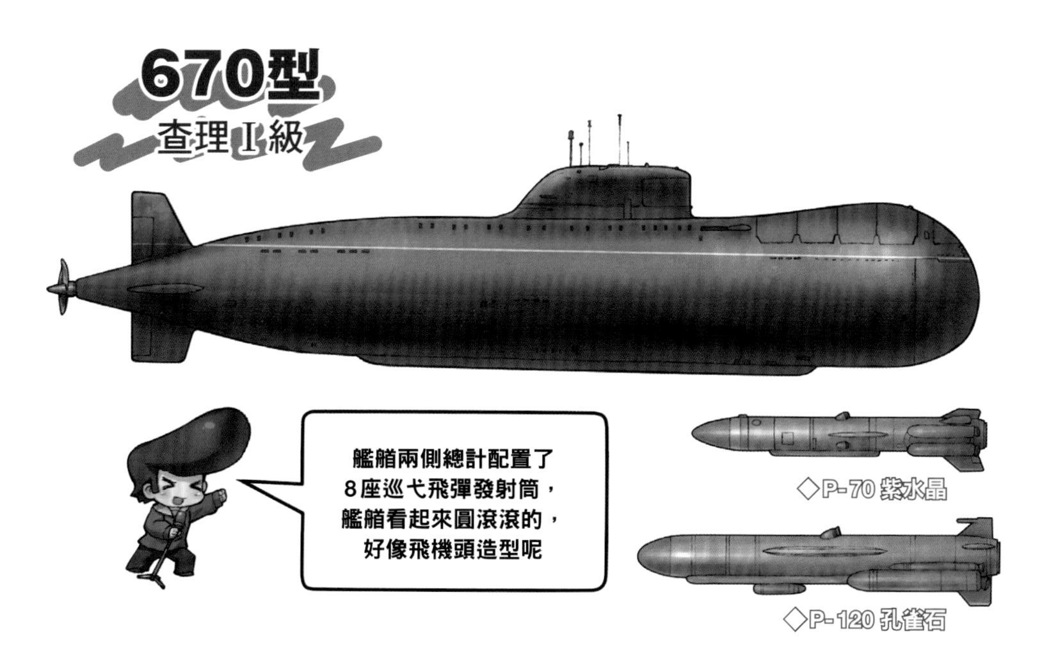

3.7 終極航母殺手

■可水中發射的P-700大型反艦飛彈

P-6系列的大型反艦飛彈，即便進一步發展到P-500「玄武岩」，甚至是P-1000「火山」，仍然未能克服無法水中發射的缺點。對此，蘇聯積極開發了可水中發射的「**П-700[P-700]**」(**Гранит**，意指花崗岩）飛彈。

蘇聯將過去P-6系列巡弋飛彈位於彈身下方的進氣口往最前方推進，給人的印象也大幅改變。因為是以水中發射為前提，發射時彈首會有護罩覆蓋，並在出水面時分離。發射後會借助裝在彈體後方的固態燃料推進火箭引擎加速，再透過本體的渦輪噴射引擎飛行（加速用火箭引擎會排列成圓形，渦輪噴射引擎則配置在圓形中間）。高空的最大飛行速度為2.5馬赫，低空則為1.5馬赫。

■人造衛星「Legenda」的中間導引

飛彈導引方式除了慣性導引之外，在發射母艦附近會採行指揮導引（母艦發送指令予以導引），還有在目標物附近時，飛彈自行發出雷達偵察敵艦的主動雷達導引（Active Rader Homing）。

另外，巡弋飛彈必須橫跨水平線數百公里射程，因此最不可或缺的就是中間導引（從發射母艦到達目標物過程的導引）。解說P-6飛彈時也有提到，過去的巡弋飛彈會搭配飛機（Tu-95RTs偵察機或Ka-25Ts偵察直升機）導引，但若想要在擁有世界最強防空能力的美國機動艦隊附近有效活動，光靠這些偵察機基本上是不可能的。

於是，蘇聯開發出運用人造衛星的偵測系統，也就是「**17К114 Легенда**海洋監控系統[※1]」(**Легенда**意指傳説）。這套系統是為了讓巡弋飛彈能擊中敵方

949型巡弋飛彈潛艦
（©Ministry of Defence of the Russian Federation）

◇P-700花崗岩
反艦巡弋飛彈
我來負責找敵人
我們飛低一點，
才不會被敵人發現
花崗岩飛彈有「群飛」模式，領頭的飛彈會在高空執行偵查作業，導引低空飛行的飛彈夥伴往目標前進喔！
949型
奧斯卡I級
949型帆罩左右有各12座，
總計24座的花崗岩飛彈發射管。
因為船幅很寬，從正面看的話，
就像顆日式甜饅頭呢……

的航母所開發，就像「傳説」般厲害。Legenda由搭載了被動感應器的電子情報蒐集衛星「УС-П[US-P]」和搭載機動式雷達偵測衛星「УС-А[US-A]」兩套人造衛星組成。人造衛星從1975年開始單獨運用，Legenda系統則在1978年投入使用（目前為停用狀態）。

■「群體」活動的巡弋飛彈

P-700飛彈最最特別的功能，就是具備「群飛」模式。發射多枚P-700飛彈時，其中1枚會在高空飛行，扮演「領頭」角色，其他P-700則是跟隨領頭飛彈朝目標前進。低空飛行雖然比較不會被敵人發現，但也變得不容易偵查到敵人，而這樣的「群飛」模式能有效解決此問題。

領頭飛彈會在可見範圍良好的高空偵察目標，並透過資料鏈路將數據傳給其他的P-700飛彈。領頭飛彈可能會被擊落，萬一真的被擊落，其他P-700飛彈裡的其中1枚會遞補領頭飛彈的角色，這完全是為了讓大量反艦飛彈能夠進行同步攻擊為前提的功能。

有了資料鏈路系統，面對敵人的電子攻擊也能提高存活率。另外，P-700兼具自我判斷目標物的功能，當目標位置附近存在數個目標物（艦艇）時，就會去計算這些目標物的大小，挑選最大噸位的艦艇，從機動艦隊中瞄準航母發動攻擊。

■巡弋飛彈潛艦集大成

蘇聯為了搭載P-700飛彈而開發的「**949型**」（北約代號：奧斯卡Ⅰ級）可説是巡弋飛彈潛艦集大成之作。949型帆罩左右下方的船身處備有2排共24座傾斜40度的「**СМ-225**[SM-225]」發射筒。也因為這樣的設計，949型船身橫向呈平坦狀。另外，949型的水下排水量為22,500噸，改良之後的「**949A型**」（奧斯卡Ⅱ級）可達23,900噸。

949型的數量為2艘，949A型則有11艘，其中8艘949A型仍繼續服役。另外，蘇聯還建造1艘用來搭載超大型核魚雷「2M39波賽頓」（**Посейдон**，希臘神話中的海神）的母艦（「09852型」，參照P.127）。

949型潛艦計畫又名為「**Гранит**」（花崗岩，與P-700飛彈暱稱相同），949A型計畫則叫「Antey」（**Антей**，意指希臘神話裡的巨人安泰俄斯）。

P-700飛彈是蘇聯用來殲滅美國航母的王牌，所以不只潛艦，也搭載於水面艦艇上，詳細內容會在第4章解説。

※1：這裡的系統俄文直譯為「複合體」，意指包含各種設備儀器的整個系統，是蘇聯／俄羅斯武器特有的用語。這裡則是指包含多顆衛星、地面系統的Legenda構成物（及其功能）。

3.8 新世代反艦飛彈

■可搭配通用型發射裝置

蘇聯解體後雖然中止了大型超音速反艦飛彈的開發，但是在2000年又重啟計畫，完成了「**П-800**[**P-800**] **Onyx**」（**Оникс**，意指縞瑪瑙）飛彈。P-800飛彈從規格來看，和P-700飛彈差異甚小，但是不用再搭配跟P-700一樣龐大的專用發射筒（以及能搭載飛彈的巨大艦艇），只要搭配通用型發射器「**3С14**[3S14]」就能發射。因此P-800飛彈能搭載於更小型，甚至更多不同的艦艇上，從這點來看算是相當大幅度的進步呢。

另外還有一款特別吸睛的新世代巡弋

飛彈，那就是人稱「蘇聯版戰斧」，由3M10石榴石飛彈直系延伸的「**Kalibr**」（**Калибр**，口徑）飛彈。3M10是相當於戰斧的次音速長程對地巡弋飛彈，不過口徑系列除了有地形比對導引的對地型（「3M14」），還有反艦型（「3M54」）和反潛型（「91P[91R]」），這些飛彈全都能搭配3S14通用型發射器。

■從小型艦艇發動長距離巡弋飛彈攻擊

2015年俄羅斯介入敘利亞內戰時，從裏海艦艇朝遠在1,500公里之外的敘利亞發射對地型口徑飛彈攻擊，受到各界關注。如此長程的飛彈在過去只有戰斧巡弋飛彈有過攻擊實績，俄羅斯甚至是從不超過1,000噸的小型艦艇發射飛彈，讓國際大為震撼。俄羅斯在這場內戰中，也曾從航行黑海的636型柴電潛艦（基洛級改良型）發射口徑飛彈，同樣是前所未見的運用方式（該艦是從魚雷管發射飛彈）。

不同於必須以較大型艦艇或核潛艦為母艦的戰斧巡弋飛彈，蘇聯／俄羅斯積極出口小型柴電潛艦，在在顯示中小型國家也能運用潛艦發動攻擊。俄羅斯目前也的確非常積極地將口徑飛彈售往國際軍武市場。

能搭載縞瑪瑙和口徑飛彈的3S14通用型發射器，基本上已然成為俄羅斯次世代潛艦的標配，這意味著其具備極佳的通用性。冷戰期間，美軍在武器開發上講究通用性，蘇聯反而著重於專用且多種類的武器發展，與現在的俄羅斯相比改變甚大。說不定未來俄羅斯海軍的武器策略會轉向「西方國家化」呢。前面提到通用型潛艦時也曾說過，855型（雅森級）潛艦設有發射巡弋飛彈的裝置（可發射縞瑪瑙／口徑飛彈），當前或許已是不需要「巡弋飛彈潛艦」這種專門艦種的時代了呢。

■往次世代繼續發展的
超音速反艦飛彈系譜

俄羅斯為了突破西方堅若磐石的防空系統，進一步開發出最大速度可突破5馬赫的高超音速反艦飛彈。「**3M22 Zircon**」（**Циркон**，意指鋯石）反艦巡弋飛彈不僅是花崗石飛彈的後繼之作，也能從3S14通用型發射器發射。另外，既有的花崗石飛彈搭載艦（潛艦和水面艦艇）也依序換成了可發射3M22的發射器。能看見「大型超音速反艦巡弋飛彈」系譜繼續延伸發展，作者自己也覺得鬆了口氣呢。

蘇聯還開發出新的海洋監控系統「Liana」（**Лиана**，又名藤蔓），該監控系統由電子情報蒐集衛星「Lotos S」（**Лотос-С**，又名蓮花）和雷達偵測衛星「Pion-NKS」（**Пион-НКС**，又名牡丹）組成，2009年起開始將衛星發射升空。

也是因為3M22發射器和Liana海洋監控系統，才能讓俄羅斯海軍在21世紀的今日持續穩坐世界最強「航母殺手」的地位。

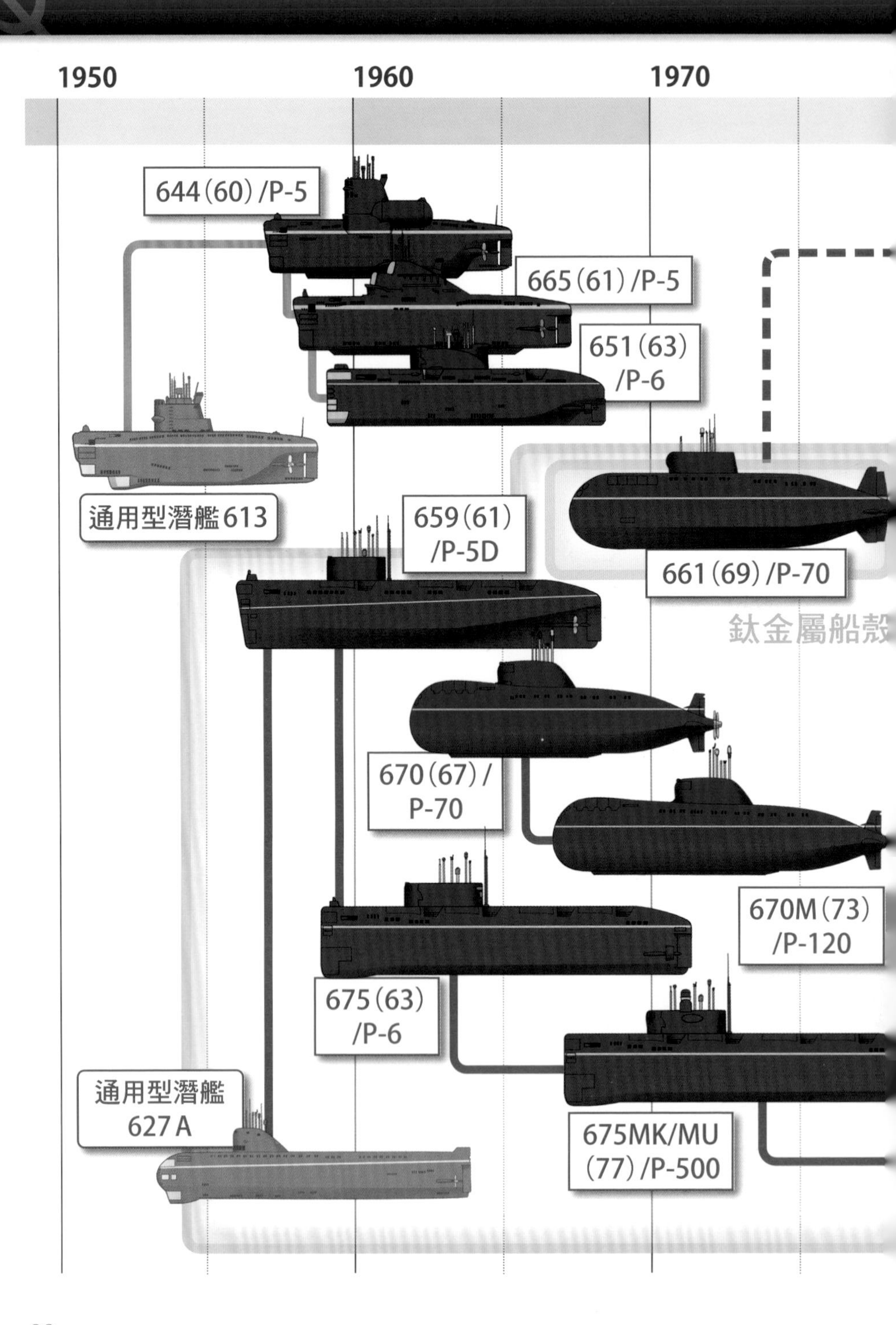
1950
1960
1970
644(60)/P-5
665(61)/P-5
651(63)
/P-6
通用型潛艦613
659(61)
/P-5D
661(69)/P-70
鈦金屬船殼
670(67)/
P-70
670M(73)
/P-120
675(63)
/P-6
通用型潛艦
627A
675MK/MU
(77)/P-500

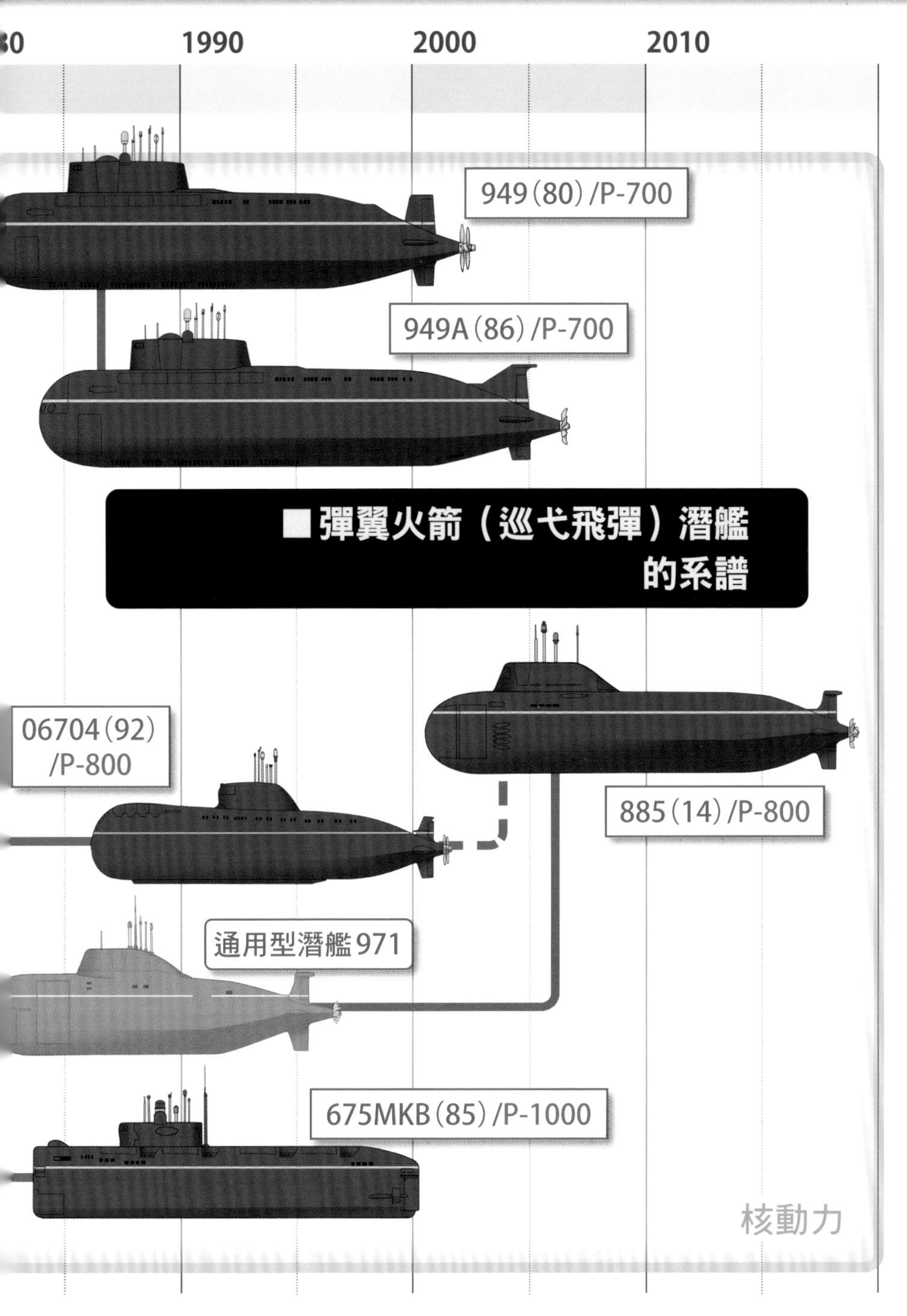

※（　）內為投入使用年分。藍體字是搭載的彈翼火箭（巡弋飛彈）。

第3章

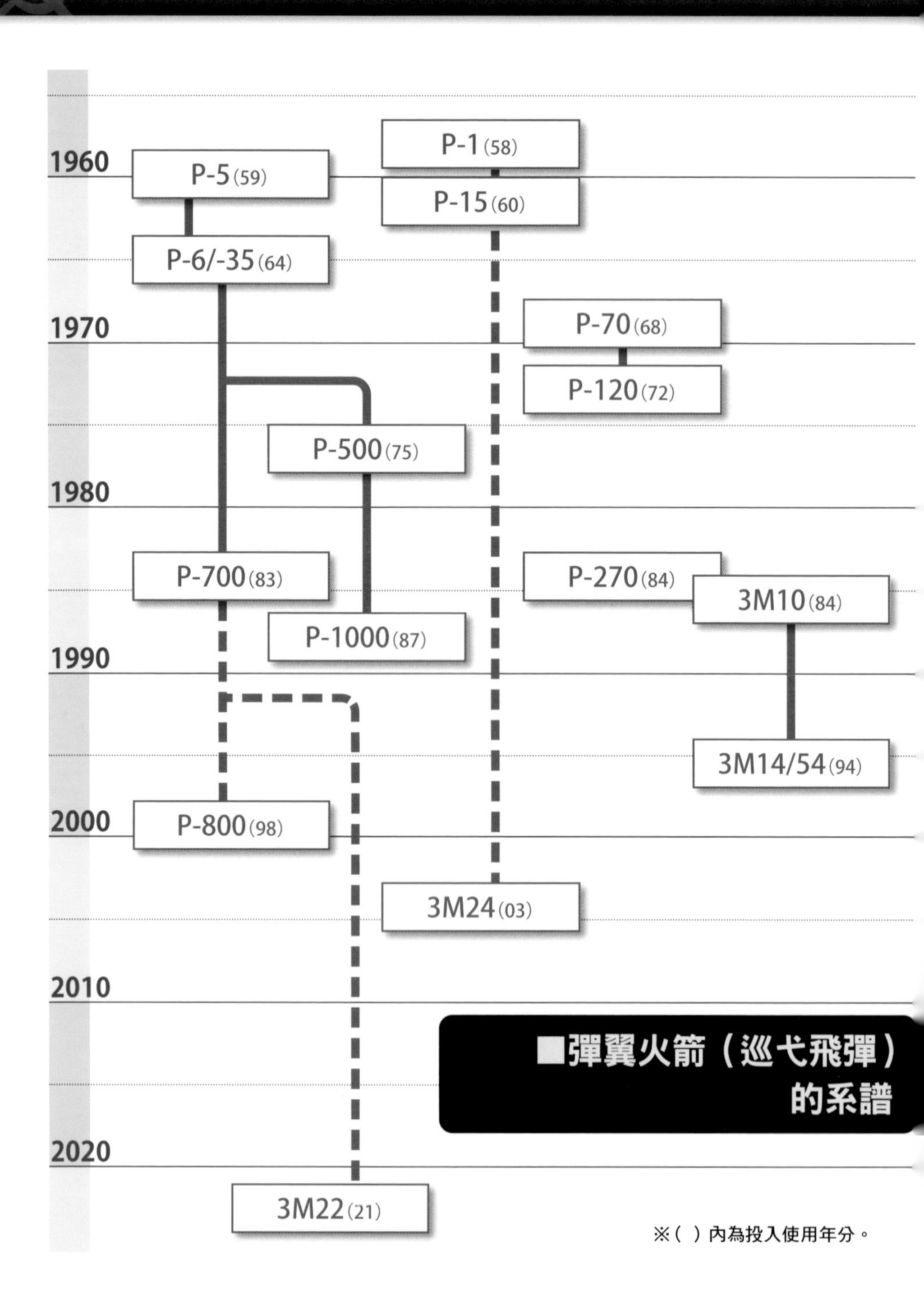
1960
1970
1980
1990
2000
2010
2020
P-1(58)
P-5(59)
P-15(60)
P-6/-35(64)
P-70(68)
P-120(72)
P-500(75)
P-700(83)
P-270(84)
3M10(84)
P-1000(87)
3M14/54(94)
P-800(98)
3M24(03)
3M22(21)
■彈翼火箭（巡弋飛彈）
的系譜
※（ ）內為投入使用年分。

潛艦戰力推移

■巡弋飛彈潛艦戰力推移

接著來看看巡弋飛彈潛艦和通用型潛艦的戰力推移。首先是巡弋飛彈潛艦，1960年代後期蘇聯的艦數激增，看起來非常驚人，卻也顯露出蘇聯對美國航母機動艦隊的恐懼。其後，核潛艦艦數穩定增加，讓蘇聯停止投入新型巡弋飛彈潛艦的開發，因此整體數量出現緩減趨勢。到了1990年代，解體導致蘇聯龐大的戰力驟降，2000年前期降至8艘後，目前只能努力維持住數量，而這8艘皆為949A型潛艦。

反觀美國巡弋飛彈潛艦的數量，卻遠比蘇聯少了許多，且主要用途為對地攻擊，而非反潛目的。前面也有提到，會出現這樣的差異是因為「以反艦飛彈攻擊航母機動部隊」算是蘇聯異於他人的獨到思維。

■彈翼火箭（巡弋飛彈）潛艦服役數——與美國比較

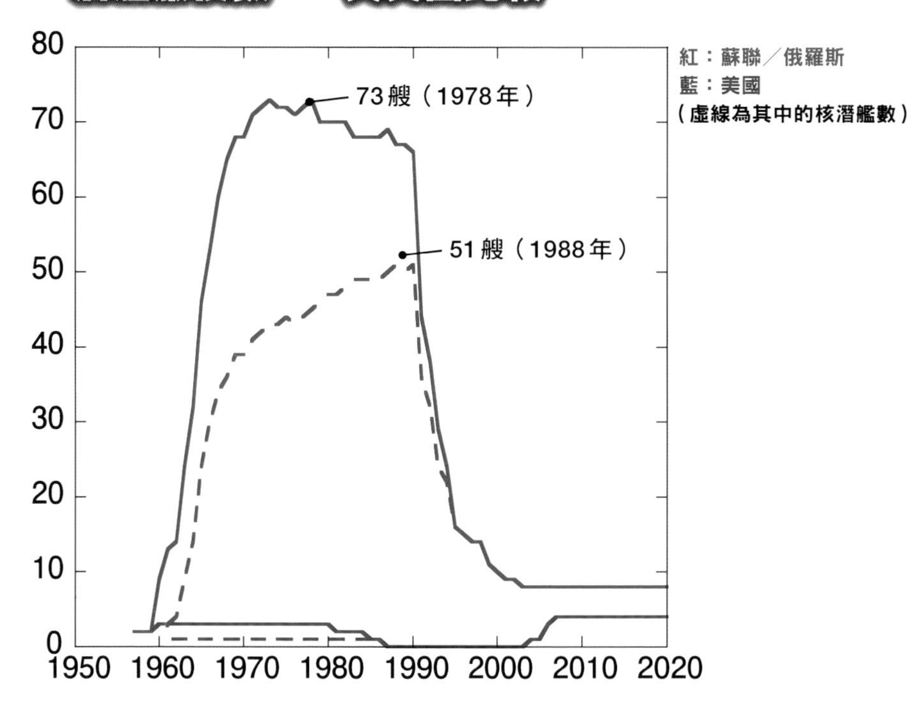

■通用型潛艦戰力推移

蘇聯在1950年代一口氣完整部署了通用型潛艦，這些潛艦基本上都是柴電推進式，主要負責近海防禦任務。蘇聯要等到80年代才整備好核動力推進潛艦，遠洋艦隊也得以成形。因為蘇聯優先發展核動力推進的彈道飛彈潛艦和巡弋飛彈潛艦，延遲了通用型潛艦的核動力化。就在蘇聯解體後，通用型潛艦數量當然也隨之銳減，進入21世紀後，便維持核動力與柴電推進各半的運作模式，整體數量也相當穩定。

反觀，美國的通用型潛艦（也就是攻擊型潛艦）除了能反艦外，也能搭配巡弋飛彈對地攻擊，堪稱是誠如字面意思的「通用」艦艇，冷戰結束後仍持續維持極盛時期一半的數量。

■通用型（攻擊型）潛艦服役數──與美國比較

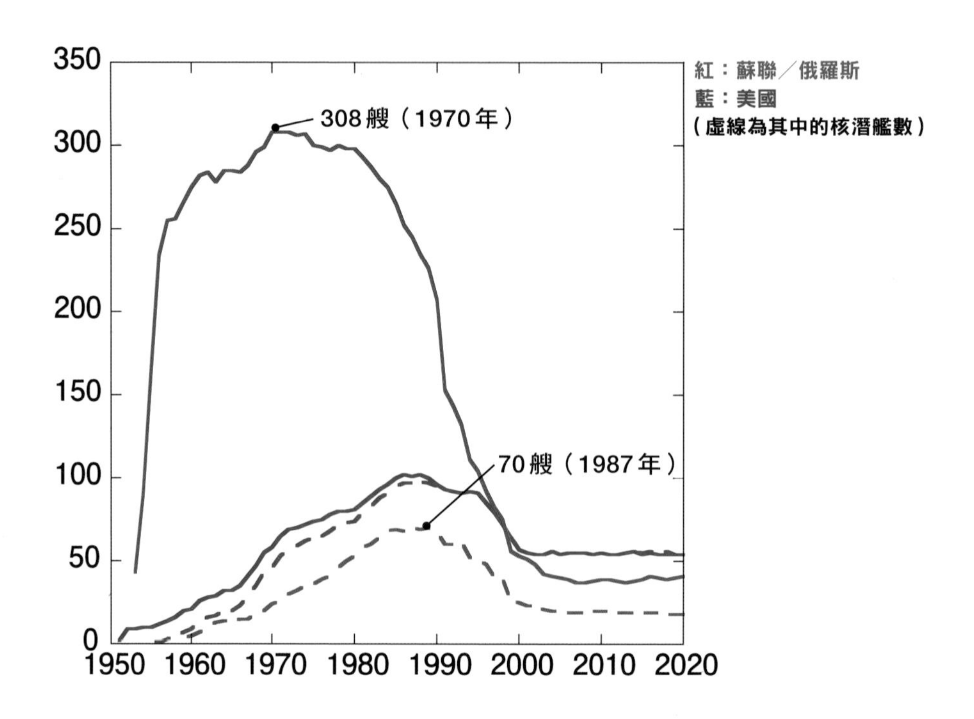

蘇聯／俄羅斯艦艇分類

潛艦分類

■美國海軍分類法

美國海軍的潛艦會以主要兵配和推進方式分類，同時搭配建造順序，排出艦籍編號。

潛艦取用潛艇（Submarine）的字首，以「SS」稱之（重複2次字首）。兵配部分的話，彈道飛彈為「B（Ballistic）」，巡弋飛彈為「G（Guided weapon）」（通用型潛艦不會特別標註）。針對潛艦推進方式，核動力還會加上「N（Nuclear powered）」（柴電推進則沒有標註）。以巡弋飛彈核潛艦「喬治亞號」為例，艦籍編號就會是「SSGN-729」。

■蘇聯／俄羅斯海軍分類法

蘇聯則是將核動力推進潛艦分類為「**Подводный Крейсер**」（直譯為水中巡洋艦），柴電推進潛艦稱為「**Большой Подводная Лодка**」（直譯為大型潛水艇）※1。水中巡洋艦又可細分為彈道飛彈搭載型、彈翼火箭（巡弋飛彈）搭載型、通用型三種（大型潛水艇只有通用型一種）。（※譯註：中文並無特別區分水中巡洋艦、大型潛水艇的說法，因此以下通稱「潛艦」）

艦籍編號則是不看兵配，只要是水中巡洋艦都冠有「К」，大型潛水艇則是「Б」，蘇聯雖然也有用數字編號，但很棘手的是號碼並不代表建造順序。就連同款船艦的編號都不一樣，數字還有大有小。舉例來說，705型核潛艦（水中巡洋艦）的一號艦編號為「K-64」，二號艦卻是「K-123」，三號艦則是「K-316」。蘇聯是將艦籍編號直接當成船艦名使用，但到了俄羅斯時代，為因應船員們的要求，為每艘船艦皆取了各自的名稱。像是885型核潛艦（水中巡洋艦）的艦籍編號是「K-560」，名稱則為「北德文斯克號」（Severodvinsk）。

■無艦級標記

美國等西方國家會以同款船艦的一號艦名稱標記艦級，如「俄亥俄級」。雖然蘇聯／俄羅斯沒有這樣的習慣，但艦艇建造計畫還是會分配到一個數字，如「**Проект 941**」（941計畫），同樣能當成艦級使用（雖然嚴格來說並不一樣）。本書在進行解說時，也是直接用計畫編號，像是「941型」來代表該船艦。不過前面也有提到，這些艦艇計畫都有自己的暱稱，和艦級編號不同（如941型計畫暱稱為「鯊魚」）。

■蘇聯潛艦分類

分類	推進方式	用途
水中巡洋艦 Подводный Крейсер	核動力推進	彈道飛彈搭載型
		彈翼火箭 （巡弋飛彈）搭載型
大型潛水艇 Большой Подводная Лодка	柴電推進	通用型

■潛艦的北約代號

冷戰期間，北大西洋公約組織（縮寫為NATO）為了分類就連計畫編號是什麼都毫無頭緒的蘇聯潛艦，只好自己幫這些潛艦取代號。北約代號分類武器時有一定的規則性，潛艦的話會代入「北約音標字母」※2。但字母只有26個，到了冷戰末期就使用完畢，於是之後改以猜測計畫暱稱來取名代號。不過這樣的方式卻容易發生錯誤，導致命名情形更加混亂。目前俄羅斯都會主動公開計畫編號和艦名等資訊，北約代號似乎也就失去了原有的意義。

※1：進入俄羅斯時代後，只要水下排水量為10,000噸以下，就算是核動力推進的通用型潛艦也都歸類為大型潛水艇。巡弋飛彈潛艦則全數為水中巡洋艦。
※2：通訊時為了正確傳遞字母所用的代號。「A、B、C……」會改說成「Alpha、Bravo、Charlie……」。

水面戰艦分類

■美國海軍分類法

這裡先從日本比較熟悉的美國海軍分類法開始說起。

美國海軍船艦由大到小可分成航空母艦（Aircraft Carrier，CV）、巡洋戰艦（Battlecruiser，BB）、巡洋艦（Cruiser，CC）、驅逐艦（Destroyer，DD）、護航驅

	北約代號	計畫編號	計畫暱稱
A	Alpha（阿爾法）	705	豎琴
B	Bravo（歡欣）	690	烏魚
C	Charlie（查理）	670	鯊魚
		670M	海鷗
D	Delta（德爾塔）	667B	Murena
		667BD	Murena-M
		667BDR	魷魚
		667BDRM	海豚
E	Echo（回聲）	659	
		675	
F	Foxtrot（狐步）	641	
G	Golf（高爾夫）	629	
H	Hotel（旅館）	658	
		701	
I	India（印度）	940	
J	Juliet（茱麗葉）	651	
K	Kilo（基洛）	877	鰈魚
		636	華沙之歌
L	Lima（力馬）	1840	
M	Mike（麥克）	685	魚鰭
N	November（十一月）	627	鯨魚
		645	
O	Oscar（奧斯卡）	949	花崗岩
		949A	Antey
P	Papa	661	見血封喉樹
Q	Quebec(魁北克）	615	
R	Romeo（羅密歐）	633	
S	Sierra（塞拉）	945	梭魚
		945A	禿鷹
T	Tango（探戈）	641B	鯰魚
U	Uniform（制服）	1910	
V	Victor（維克托）	671	梅花鱸
		671RT	鮭魚
		671RTM	白斑狗魚
W	Whiskey（威士忌）	613	
		644	
		665	
X	X-Ray	1851	
Y	Yankee（洋基）	667A	細寬突鱈
Z	Zulu（祖魯）	611	
	Typhoon（颱風）	941	鯊魚
	Akula（阿庫拉）	971	白斑狗魚-B
		955	北風之神（或稱Borei）
		885	白蠟樹
		677	春天的女神（直譯為拉達）

逐艦（Escort Destroyer，DE）、巡防艦（Frigate，FF），搭載飛彈的潛艦會加「G」，核動力推進式會加「N」（和潛艦的規則一樣）。不過這裡的「飛彈」是指對空飛彈，就算搭載反潛、反艦飛彈也不會加「G」※3。

岔題閒聊一下，如果航空母艦改成AA（Aircraft Carrier），護航驅逐艦改成EE（Escort destroyer）的話，就能從A一路排到F，看起來多麼整齊漂亮啊……。

■蘇聯／俄羅斯海軍分類法

接著來看蘇聯海軍是如何分類。二次世界大戰後，蘇聯的戰艦遭毀，所以最初並沒有留下航空母艦（Авианосец）。當時蘇聯擁有最大的艦種為「巡洋艦」（Крейсер），接著才進一步分成「反艦用」與「反潛用」兩個系統。反潛用可分成「大型反潛艦」（Большой Противолодочный Корабль）、「小型反潛艦」（Малый Противолодочный Корабль），反艦用則分成「艦隊水雷艇」（Эскадренный Миноносец）、「小型飛彈艦」（Малый Ракетный Корабль）、「飛彈快艇」（Ракетный Катер）。艦隊水雷艇相當於西方的驅逐艦，等同巡防艦的小型多功能艦種則是被歸類在「警備艦」（Сторожевой Корабль）。

蘇聯會直接用每款船艦負責的任務和搭載的武器命名分類，從中不難看出蘇聯海軍以「武器（火箭）為重」的思維，就連開發艦艇時，也要以能夠搭配武器為前提。和講究通用性的美國海軍可說是南轅北轍。不過，進入21世紀後，俄羅斯修改了部分的艦種分類方式，將大型反潛艦和警備艦整合，分入「Фрегат」（巡防艦）項目中，意味著俄羅斯開始將焦點著重在通用型艦種上。

■艦名與艦級分類法

水面艦艇中，大型艦會取個別的艦名。西方國家在冷戰前期也將這些艦艇獨自冠上北約代號（例：「克雷斯塔級（Kresta）」，到了後期，就沒有繼續使用北約代號，而是依照一號艦的名稱來分類，如「無畏級（Udaloy）」、「現代級（Sovremenny）」。蘇聯本身並不會把船艦分類成「〇〇級」，而是和潛艦一樣，以計畫編號來分類（例：956型）。

※3：現代美國海軍的大型水面戰艦都有配備對空飛彈。

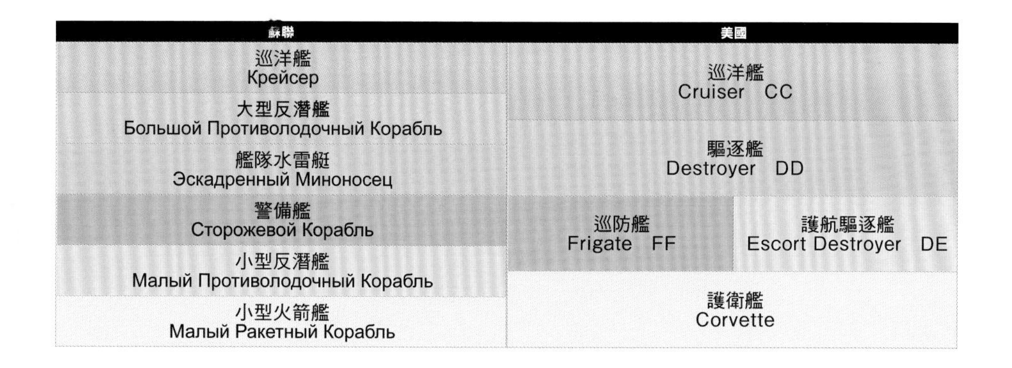

第4章

水面戰艦

矛與盾——蘇聯艦隊VS美國艦隊

蘇聯海軍的潛艦數遠超過美國3倍，戰力坐擁全球無人能及的霸主地位，但水面戰艦的噸位卻不及美國，甚至會給人一種「嬌小」的感覺。不過，這只能說比較的對象實在太強，因為蘇聯其實在極盛時期仍是僅次美國，維持著全球位居第二的戰力地位。比這個更重要的是，蘇聯可是擁有能達成「基本戰略」目標的充足戰力。

前面有提到，蘇聯海軍的主要任務是守護彈道飛彈潛艦活動範圍的「聖域」（北極海、鄂霍次克海），因此必須能夠擊毀接近的美國航母機動艦隊。

蘇聯對水面艦艇的部署，和上一章已介紹的巡弋飛彈潛艦一樣，也是積極配備反艦巡弋飛彈。不只巡洋艦，就連航行沿岸的小型艇也都同樣完整搭載反艦飛彈。這一點雖然與著重於搭載對空飛彈的美國海軍艦艇形成鮮明的對比，卻也真實呈現「目標以大量反艦飛彈攻擊航母」的蘇聯，以及「防禦敵方攻擊航母」的美國海軍之間，猶如矛與盾般截然不同的立場。

■美國潛艦的威脅

蘇聯海軍必須擊倒的敵人，可不只美國海軍的航母機動艦隊，還有一支很可怕的隊伍，那就是潛艦部隊。潛艦主要存在以下兩個威脅。

- 侵入「聖域」，目標為彈道飛彈潛艦的美國攻擊型潛艦
- 航行外海，目標蘇聯本土的美國彈道飛彈潛艦

蘇聯為了應對這兩大威脅，不能只在近海迎擊，還需要建立一支能夠在外海積極提防敵方潛艦的反潛部隊。上一章曾經提到，日本擁有非常出色的反潛能力，但其實冷戰時期的蘇聯海軍，其反艦能力可是遠遠比日本更加強大，除了部署大量反潛專用的水面艦艇，蘇聯至多更握有4艘反潛用航母，相當於日本當今的戰力水準。

本章將從「反機動艦隊」和「反潛艦」兩大主軸，解說蘇聯／俄羅斯的水面艦艇。

4.1 飛彈巡洋艦

■世界首艘反艦飛彈巡洋艦58型

首先，讓我們從二次世界大戰後，蘇聯最大型水面戰艦的巡洋艦開始說起。

冷戰期間，蘇聯將巡洋艦視為負責擊滅敵方航母機動艦隊的水面戰艦主力，因此部署前章曾解說的大型超音速反艦（反航母）彈翼火箭（巡弋飛彈）作為主要軍備，成為蘇聯的「飛彈巡洋艦」。

蘇聯首艘，同時也是世界首見的反艦飛彈巡洋艦為「**58型**」（北約代號：肯達級），艦上部署前章介紹過的P-35反艦巡弋飛彈（P-6水面艦艇型），搭配的發射裝置則為「**CM-70**[SM-70]」四聯裝發射器。艦橋前後的船體中心線上配置了2座發射器，基本上能與敵軍並進同時朝側邊發射，屬於大艦巨砲時代的艦砲運用模式（此配置的優點是能讓飛彈發射時產生的煙霧往另一邊的船舷飄散）。

SM-70發射器極為龐大，搭載於排水量僅5,570噸的58型飛彈巡洋艦上可說是嚴重超載，看起來非常不協調。西方國家更認為這樣的行徑是「硬把發射器搭載於小型船身上」，但站在蘇聯的角度來看，正確說法應該是「設計出能搭載此發射器的最小船身」，飛彈發射上當然沒有任何問題。SM-70發射器前方還搭載了負責艦隊防空任務的「**M-1 Волна**」（羅馬化：Volna，意指波浪）長程對空飛彈，因此是兼具反艦、防空能力的近代艦艇。

蘇聯為求輕量化，更將58型飛彈巡洋艦上方的結構採用鋁鎂合金。形狀尖銳如金字塔般的船桅更成了日後蘇聯大型艦艇慣用的設計。當初規劃建造16艘58型飛彈巡洋艦，最終只完成4艘。

■提升反潛直升機運用能力的1134型

蘇聯的下一艘飛彈巡洋艦「**1134型**」(北約代號:克里斯塔I級)船身比58型大上一圈,搭載的P-35飛彈則是搭配2座減少為雙聯裝的「**KT-35**」發射器。然而,隨著發射器固定配置於艦橋左右兩側,艦艇外觀不僅變得更簡約俐落,船體空間也更寬裕,能設置直升機機庫,搭載2架艦載直升機(58型僅能搭載1架,且無機庫)。對空飛彈則部署了改良型「波浪M」,於船身前後配置2座發射器。蘇聯總計共建造了4艘1134型飛彈巡洋艦,該潛艦計畫暱稱為「金雕」(Беркут)。

■重武裝的反艦飛彈艦1164型

上一章有提到,P-6/P-35分別進階發展成P-500「玄武岩」和P-700「花崗岩」反艦飛彈,蘇聯也特別打造了用來搭載這些飛彈的巡洋艦。搭載P-500飛彈的是「**1164型**」(通稱:光榮級),該船艦艦橋兩側分別配置了4座「**CM-248**[SM-248]」雙聯裝發射器,總計部署16枚P-500飛彈,極具震撼力的軍備武裝也成了1164型外觀上最大的特色,後續更將P-500汰換成P-1000「火山」飛彈。

1164型飛彈巡洋艦。用來發射P-1000巡弋飛彈的龐大發射器SM-248整齊排列在甲板上,令人無比震撼。搭配上金字塔形狀的船桅,可說是象徵冷戰時期蘇聯艦艇的經典容貌,卻又走在時代前端,採用了垂直發射的S-300F對空飛彈系統。木圖為三號艦「瓦良格號」,擔任太平洋艦隊的旗艦。(作者拍攝)

1164型飛彈巡洋艦另一個特色是配置於煙囪後方的對空飛彈系統，也就是「**С-300Ф[S-300F] Форт**」（羅馬化：Fort，意指堡壘）的垂直發射器「**Б-204**[B-204]」。蘇聯把八聯裝發射器垂直嵌入船體，發射器會像左輪手槍轉動，並將置入發射位置的飛彈射出，機制稍微複雜些。説到垂直發射器，美國的Mk41 VLS垂直發射系統就非常有名。美國的這套系統是將飛彈發射台集中設計，結構簡單，與B-204相比功能性看似更好，但蘇聯可是早美國9年就將垂直發射機構推向實用化（B-204的前身B-203）。

蘇聯原先計畫建造6艘1164型飛彈巡洋艦，竣工下水的有4艘，蘇聯解體時1艘由烏克蘭接手，其餘3艘現今隸屬俄羅斯海軍。計畫暱稱為「阿特蘭」（**Атлант**，希臘神話的巨人阿特拉斯，中文多半稱之光榮級巡洋艦）。

■世界最大水面戰艦1144型

接著，搭載P-700「花崗岩」飛彈的是「**1144型**」巡洋艦（通稱：基洛夫級）。俄文名稱直譯為重型核動力飛彈巡洋艦，正如名稱中的「重」字，這艘巡洋艦的排水量竟達25,860噸，相當於大戰期間的戰艦，也是90年代美國4艘愛荷華級戰艦除役後，目前世界最大的水面戰艦。

另外，俄文名稱中的核動力是指2座「**КН-3**[KN-3]」核反應爐，因此核動力渦輪推進也成了本艦的特色之一。1144型巡洋艦雖為核動力推進卻同時備有煙囪，給為了以防萬一而搭載的2座輔助鍋爐使用。

1144型巡洋艦的身形之所以會如此龐大，是因為搭載了包含20座P-700飛彈發射器「**СМ-233**[SM-233]」、12座S-300F八聯裝垂直發射器「**Б-203А**[B-203A]」（合計96枚）的重武裝備，堪稱「史上最強水面戰艦」。上述配備全部埋藏在艦橋前方的船身中，因此艦橋位置會比一般水面艦艇更靠後方，這也使得1144型巡洋艦帶有過往戰艦的沉穩氛圍，造型相當優美。

SM-233發射器角度並非垂直，而是傾斜60度地嵌埋入船身中，所以發射器的護蓋呈狹長狀。另外還有一點，雖然SM-233發射器搭載於水面艦艇，發射時卻會在發射筒內注水，不難看出是由潛艦發射式飛彈衍生出的型號。

蘇聯時代計畫建造7艘，目前已完成4艘，但作者撰寫時，實際下海服役的僅四號艦「彼得大帝號※1」1艘，一號艦仍待處置，二號艦則繼續存放，最後的三號艦「納希莫夫海軍上將號※2」目前正進行現代化升級改裝。

「彼得大帝號」艦上半數的S-300F發射器已改裝成能防禦彈道飛彈的改良型「**С-300ФМ[S-300FM] 堡壘－М**」系統，「納希莫夫海軍上將號」更是全數換成了S-300FM。反艦軍備也跟著提升，預計搭載前章介紹過，能發射反艦飛彈P-800「縞瑪瑙」、「口徑」以及超音速反艦飛彈「鋯石」，總計80組的「**3С14**[3S14]」通用型發射器。完成「納希莫夫海軍上將號」改裝後，俄羅斯將繼續對「彼得大帝號」進行相同工程。有了這些改裝，相信1144型巡洋艦在21世紀的今日還是能繼續穩占「最強水面戰艦」的地位。1144型巡洋艦的計畫暱稱為「**Орлан**」（羅馬化：Orlan，意指海雕）。

■次世代大型水面船艦計畫23560型

蘇聯解體後停止建造新型艦艇一段時

間，重啟後也是先從小型水面艦艇逐步整備，就在進入2010年代後，終於開始推動睽違已久的大型造艦計畫，那就是「**23560型**」艦隊魚雷艇（計畫暱稱：領導級[Lider class]）。領導級雖然歸類為「艦隊魚雷艇（驅逐艦）」，卻擁有高達19,000噸排水量的龐大身軀（從公開的船艦模型判斷），不僅預計搭載56枚超音速反艦飛彈「鋯石」、16枚新型對空飛彈「9К96 Редут」（羅馬化：Redut，稜堡），甚至還規劃配置本書執筆時仍在開發中的S-500艦載型超長程防空飛彈，裝備陣容堅強，堪稱是「21世紀的1144型巡洋艦」。

不過，俄羅斯的開發預算拮据，究竟建造進度到哪裡、是否仍持續動工（有報導指出計畫已中止）都無從得知。

※1：俄文為「Пётр Великий」，意指「彼得大帝」。
※2：俄文為「Адмирал Нахимов」，意指「納希莫夫海軍上將」。

飛彈巡洋艦

1144型 基洛夫級

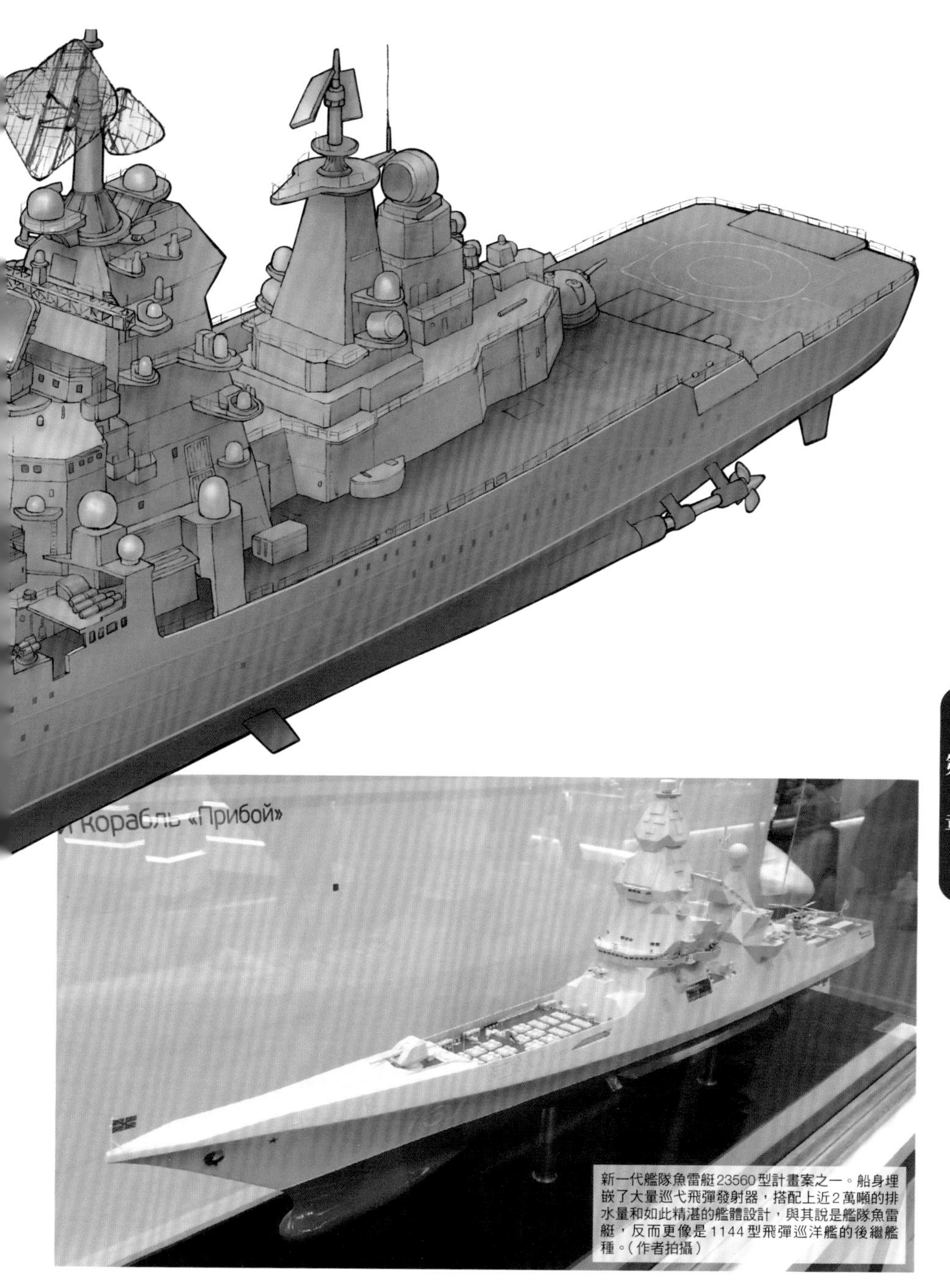

新一代艦隊魚雷艇23560型計畫案之一。船身埋嵌了大量巡弋飛彈發射器，搭配上近2萬噸的排水量和如此精湛的艦體設計，與其說是艦隊魚雷艇，反而更像是1144型飛彈巡洋艦的後繼艦種。(作者拍攝)

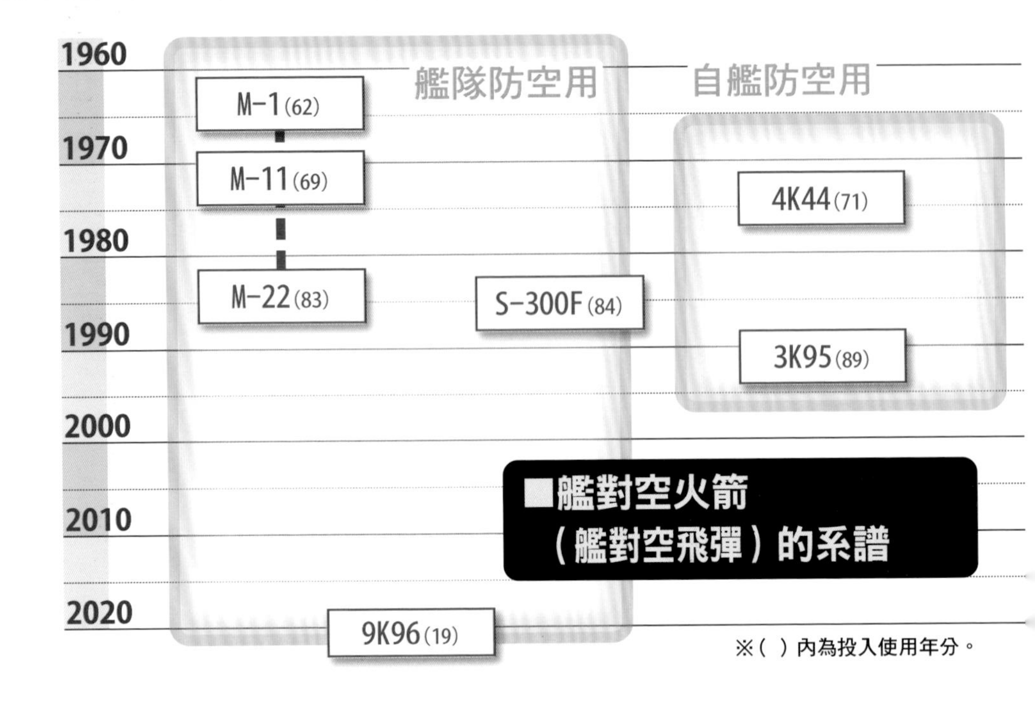

4.2 大型反潛艦

■尚未發展完成的61型反潛艦

從這個艦種就不難看出蘇聯是多麼重視反潛艦作戰。不過說到反潛專用大型船艦，其實過去美國海軍也部署了31艘史普魯恩斯級（Spruance-class）驅逐艦，但目前已全數除役。

蘇聯首款生產的大型反潛艦為「**61型**」(北約代號：卡辛級)，原本是建造作為警備艦使用，但後來分類成大型反潛艦。這艘反潛艦配備了無導引的反潛迫擊砲，卻沒有導引式反潛飛彈，雖然能運載1架反潛直升機，卻無機庫擺放，要稱上真正的反潛艦實在有些勉強。不過，61型搭載了2座M-1對空飛彈發射器，其中幾艘也搭載了反潛飛彈，但真要分類，也應該歸類在艦隊魚雷艇中，因此北約反而是將61型反潛艦歸類成「驅逐艦」。

此外，61型亦是世界首款全燃氣渦輪發動機推進的船艦。在相同的輸出條件下，燃氣渦輪會比蒸氣渦輪來的輕量小巧，啟動時間更短、更有機動性，非常適合作為軍用艦發動機，運用及整備面的表現也優於蒸氣渦輪。蘇聯總共建造了20艘61型反潛艦。

■配備反潛飛彈的正規反潛艦1134A型

61型的後繼大型反潛艦為「**1134A型**」(北約代號：克里斯塔Ⅱ級)，此艦算是1134型飛彈巡洋艦的衍生艦種，將原本的P-35反艦系統換成了「**УРПК-3［URPK-3］ Метель**」(羅馬化：

大型反潛艦

1134A型

1134A 克里斯塔II級

◇85R反潛飛彈

大型反潛艦

1134Б型

1134B 卡拉級

◇4K33對空飛彈

Metel，意指暴雪）反艦飛彈系統。其實1134型反潛艦開發最初原本就是以配備URPK-3為前提作規劃，但因為軍備開發延遲，最終只能放棄搭載。

URPK-3是指整套軍備系統，搭載了「**85P**[85R]」飛彈。85R的形狀獨特，飛行用飛彈下面就像是抱著魚雷，上下幅寬，所以對應發射器也很龐大（「**KT-100**」）。85R飛彈的部分會在空中飛翔，並在指定位置分離魚雷（敵方潛艦附近），單獨讓魚雷朝敵方潛艦前進。與美國的阿斯洛克反潛飛彈（ASROC）的10公里射程相比，85R飛彈可達55公里，射程表現卓越。後來蘇聯更替換搭配射程增加至90公里，同時能防禦水面艦艇的「**85PY**[85RU]」型飛彈（搭載85RU飛彈的系統稱為「**УРПК-5**［**URPK-5**］**Раструб-Б**」，Раструб意指樂器中的小號，羅馬化為Rastrub）。

1134A型除了能反潛，也擔負起艦隊防空任務，搭載有M-1後繼型號的「**M-11 Шторм**」（羅馬化：Storm，意指風暴）防空飛彈系統。特別的是URPK-3會用M-11的射擊指揮系統來控制空中的飛行狀態。

1134A型反潛艦的噸位比61型大，所以也設置了直升機機庫，成為蘇聯首款真正的反潛艦（搭載架數為1架）。蘇聯總計建造10艘，其潛艦計畫暱稱為「金雕A」。

■反潛能力較1134A更加提升的1134B型

1134A型反潛艦的改良款為「**1134Б**[**1134B**] **型**」（北約代號：卡拉級）。規格上最大差異在於主機從原本的蒸氣渦輪換成燃氣渦輪。外觀部分則是因為搭載拖曳式可變深度的聲納系統（VDS），艦艉追加了一片傳訊用的大門片（後述的1155型也是）。

海水的狀態會使聲納系統出現死角，但聲納系統固定於船體後方的話，就能在特定位置或方向找到死角。拖曳式可變深度聲納系統能夠與船體分離，藉由改變深度的方式，減少死角產生[※1]。

針對防空軍備的部分，1134B型除了備有M-11艦隊防空飛彈系統，也搭載了自艦防空用的短程「**4K33 Oca-M**」（羅馬化：Osa-M，**Oca**意指胡蜂）對空飛彈系統。4K33採用舊型的懸臂式發射器，平常隱藏在船體內，唯有發射時才會升起，這樣的機關設計實在有夠「中二」。不過，4K33發射系統其實大幅運用在巡洋艦甚至是小型飛彈艦（4K33系統可以說算是艦載版的「**9K33 Oca**」飛彈系統）。

蘇聯總共打造了7艘1134B型，四號艦下水服役後，又加裝了S-300F對空飛彈系統，負責執行測試任務（搭載六聯裝B-203發射器）。

■大型對潛艦決定版1155型

這個系譜最後登場的「**1155型**」（通稱：無畏級），可說是大型對潛艦的決定版。

1155型雖然搭載了URPK-5反潛飛彈系統，可是對空配備部分卻只有「**3K95 Кинжал**」（羅馬化：Kinzhal，意指匕首）短程自艦防空飛彈。3K95和S-300F一樣，都是收納在八聯裝的旋轉式垂直發射管中（3K95相當於艦載版的「**9K330 Top**」（臂鎧）短程地對空飛彈）。反艦直升機的數量也增為2架，並加大機庫，能同時收納2架直升機。

蘇聯總共艦造了13艘1155型，最後一艘的十三號艦改成搭載後面會提到的

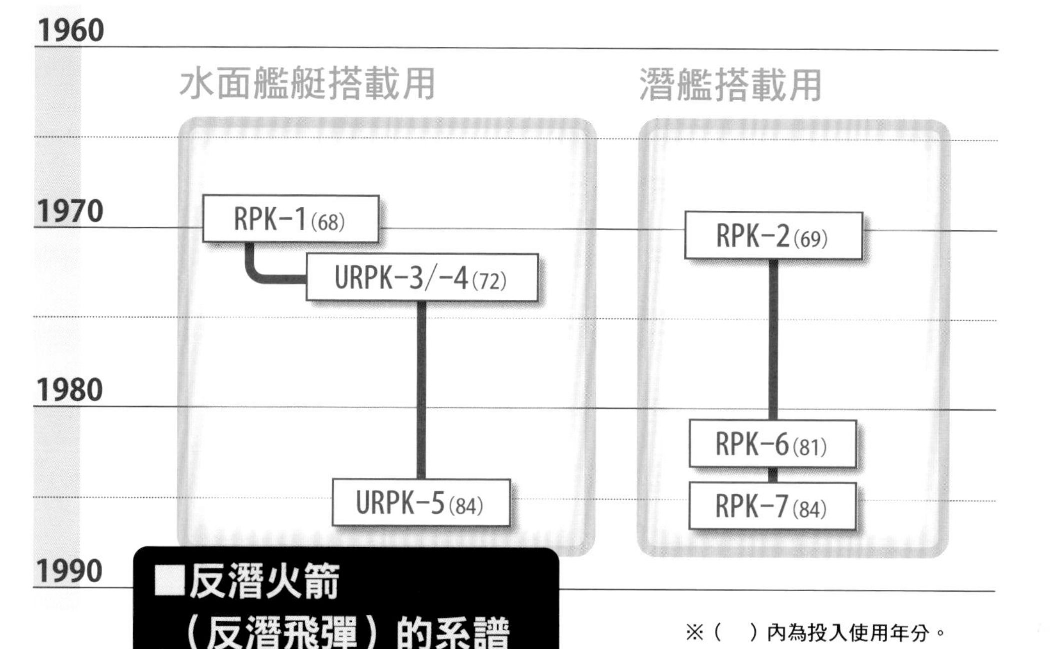

■反潛火箭（反潛飛彈）的系譜

※（　）內為投入使用年分。

P-270反潛則是巡弋飛彈，用以取代既有的URPK-5反潛飛彈，因此特別另稱為「**11551型**」（通稱：無畏Ⅱ級）。

11551型少了URPK-5反潛飛彈，於是又搭載能從魚雷管發射的RPK-6反潛飛彈，藉以補強反潛能力。只要是水面艦艇，蘇聯都標配有533毫米長的魚雷管，所以能搭配這樣的軍備※2。RPK-6反潛飛彈開始登場後，蘇聯就不再需要URPK-3/-4/-5這幾款尺寸龐大的反潛飛彈發射系統了。

1155型是冷戰時期建造的艦艇中，目前仍極為活躍的艦種。1155型偶爾也會駛來日本，不少讀者說不定還曾登艦參觀呢。作者撰寫本書時尚有8艘1155型服役中，另外還有1艘正準備現代化升級改裝。1155型潛艦計畫暱稱為「**Фрегат**」（羅馬化：Fregat，軍艦鳥，也可以指巡防艦）。前面的專欄也有提到，俄羅斯現在已經沒有大型反潛艦這個分類類別，全都歸納成巡防艦，11551型也就更「名符其實」了呢。

※1：比較正確的說法應該是深度改變就能讓死角移動，所以能涵蓋到其他角度的死角。
※2：可同時反水面艦艇及反潛艦的長距魚雷名叫「重型魚雷」，反潛艦用（水面艦艇為了自艦防禦）的短距魚雷則叫「輕型魚雷」，基本上美國的水面艦艇只有配備輕型魚雷。

第4章

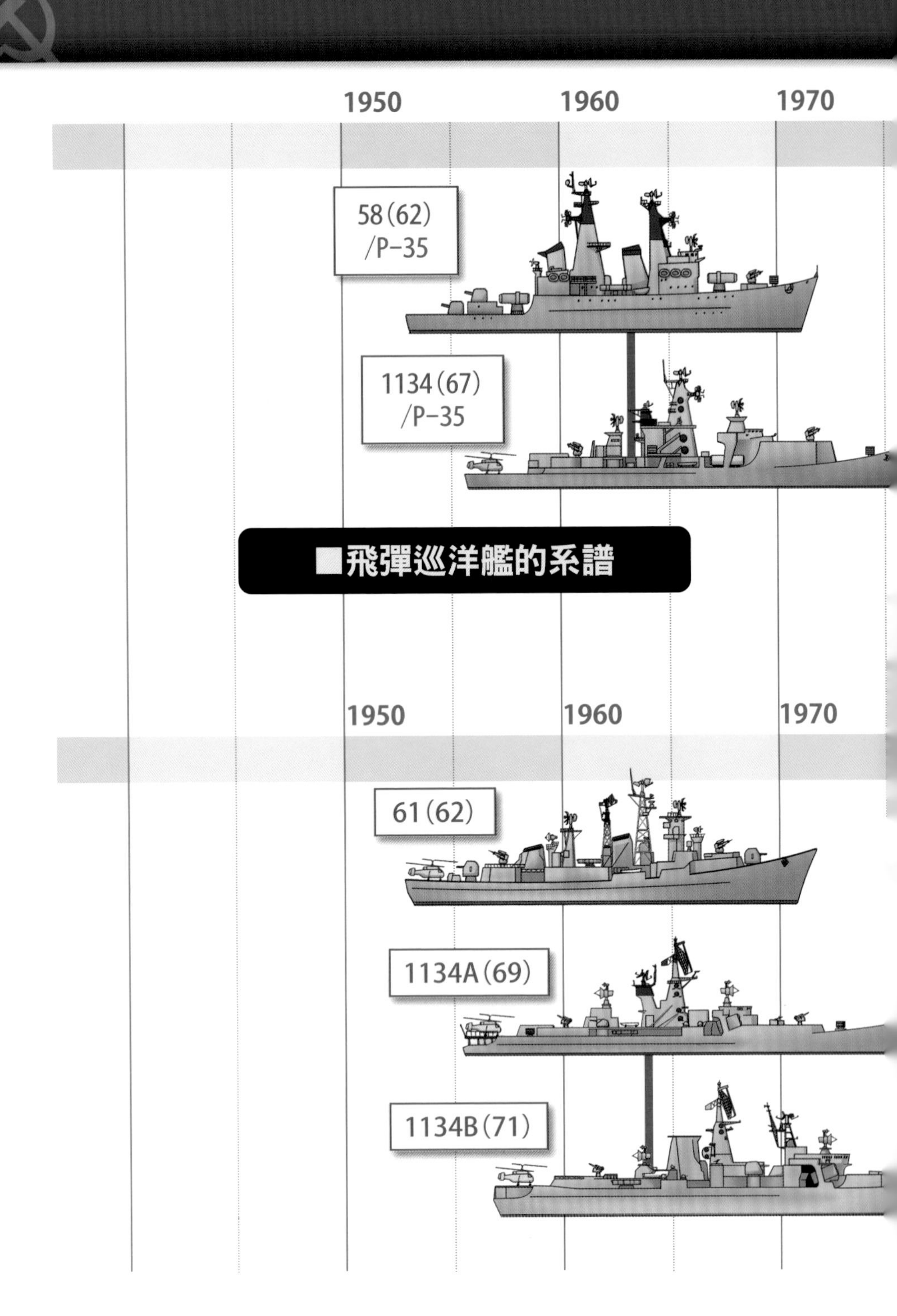
1950
1960
1970
58(62)
/P-35
1134(67)
/P-35
■飛彈巡洋艦的系譜
1950
1960
1970
61(62)
1134A(69)
1134B(71)

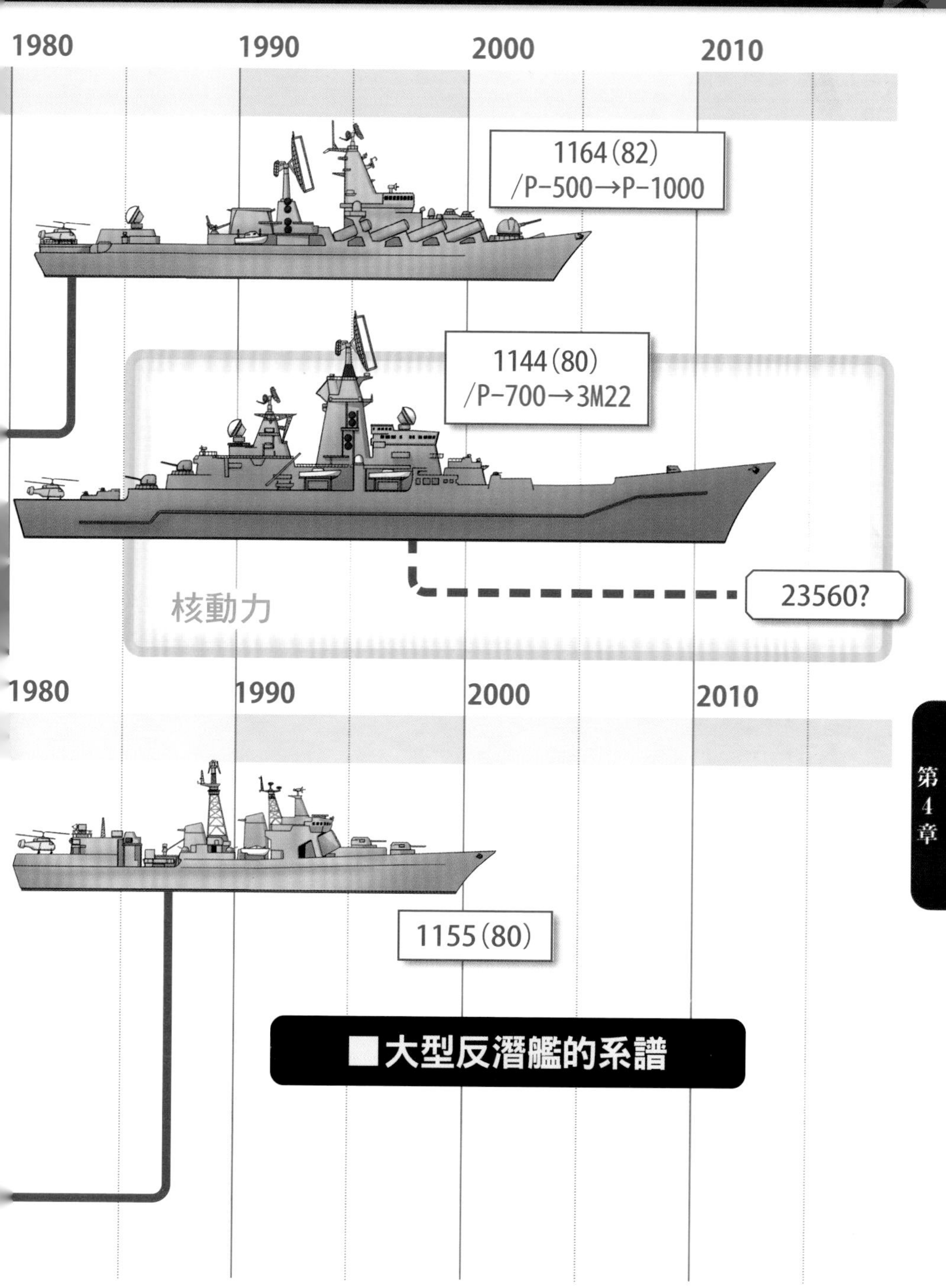

第4章

※( )內為海軍為進行測試接收艦艇的年分。
藍體字是搭載的彈翼火箭(巡弋飛彈)。

4.3 艦隊魚雷艇

■瞄準大型艦的「魚雷艇」後代

在西方國家的眼中，蘇聯／俄羅斯的「艦隊魚雷艇」多半分類在「驅逐艦」項目。從近代海軍歷史來看，驅逐艦原本的確指「魚雷艇驅逐艦」。魚雷投入實戰後，就算搭載於小型船艇上，只要距離夠近，同樣能攻擊大型戰艦※1，這種小型船艇就叫「魚雷艇」。

戰艦雖然也配備了用來擊退魚雷艇的副砲，但對戰時焦點還是要集中在與敵方戰艦的砲戰，不能受魚雷艇的影響而分心。於是誕生了專門負責擊退魚雷艇的艦艇──魚雷艇驅逐艦。魚雷艇也因為噸位太小，欠缺航海性遭廢，直接以驅逐艦搭載魚雷的方式，背負起攻擊大型艦的任務。驅逐艦的功能強大，因此被運用在反潛、對空等各種任務上，但最初的任務的確是以魚雷反潛作戰。由此來看，俄羅斯將艦種名稱取作「艦隊魚雷艇」（伴隨艦隊的魚雷艇）基本上是非常忠實的呈現。會將負責反潛任務的船艦歸類在「反潛艦」，應該也是遵循這樣的命名模式。

■巨型反潛飛彈「Strela」及56型/57型

蘇聯二次戰後設計的首艘艦隊魚雷艇為「**41型**」（北約代號：塔林級），考量到戰爭時設計的艦隊魚雷艇需要進行汰換，蘇聯計畫建造高達110艘「41型」，但一號艦的測試結果失敗，以致未能走上量產。

接著，蘇聯又將41型的缺點加以改

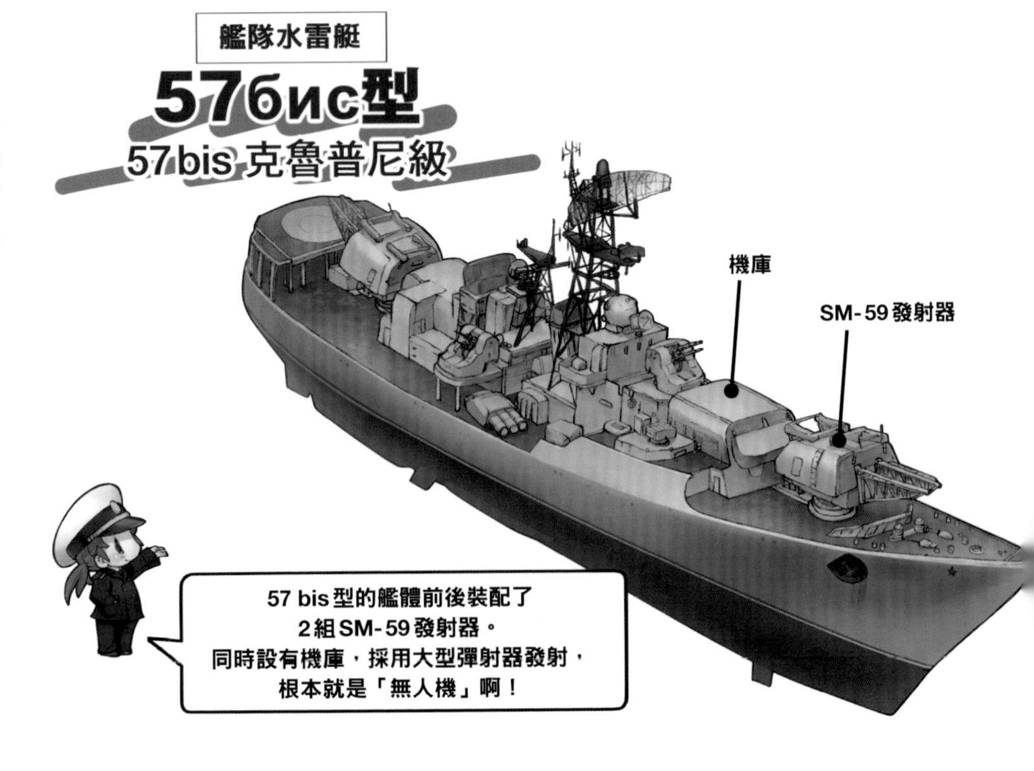

良，建造了「**56型**」（北約代號：科特林級）艦隊魚雷艇，於3處造船廠打造了總計27艘的56型艦艇。其中一艘在下水服役後，更改裝成搭載M-1對空飛彈的試射艦，另名為「**56K型**」。由於測試結果良好，蘇聯再將另外8艘改裝成M-1搭載型，取名「**56A型**」。

除了上述27艘外，蘇聯還打造首艘搭載「**П-1［P-1］Стрела**」（意指箭）反潛飛彈的艦隊魚雷艇，名叫「**56ЭМ［56EM］型**」，因為運用實績不錯，又再追加建造3艘，稱為「**56M型**」。

設置於艦艉的P-1飛彈發射器「CM-59［SM-59］」採用彈射器發射，可說是以「無人機」的模式運用「飛彈」，但必須搭配起重機才能重新填裝彈藥，要在戰鬥中填彈實在困難。於是蘇聯決定撤掉56EM、56M型船艦其中2艘的P-1反潛飛彈，改裝成配備P-15反艦飛彈（後述）的「**56У［56U］型**」。蘇聯原本設計要來搭載P-1反潛飛彈的艦隊魚雷艇其實是「**57型**」，但在設計階段就發現有航海性問題，於是加以修改，建造出「**57бис［57 bis］型**」（北約代號：克魯普尼級）。57 bis型的艦艏和艦艉分別配置了1座SM-59發射器，包含備用庫存總計搭載12枚P-1飛彈。蘇聯共打造9艘57 bis型，下水服役後，更針對8艘加強反潛、對空裝備，改造成「57A型」。

■撐起冷戰末期的主力艦956型

57 bis型的最終艦於1969年下水服役後，1970年代的蘇聯海軍便將精力都投注在大型反潛艦的整備上，所以並沒有投入新的艦隊魚雷艇，就在1980年的最後，蘇聯海軍終於有新艦登場，那就是「**956型**」（通稱：現代級）。此

956型艦隊魚雷艇。這是蘇聯歷經70年代空窗期後久違的艦隊魚雷艇，更是與1155型大型反潛艦齊名，冷戰末期令人充滿期待的新銳艦種。但也可能是因為採用蒸氣渦輪推進的緣故，到了俄羅斯時代便大量除役。目前停靠在喀朗施塔得，作為紀念艦展示。
（©Ministry of Defence of the Russian Federation）

艦與1155型（無畏級）大型反潛艦齊名，都是冷戰末期撐起蘇聯海軍的新時代主力艦艇。956型的主要軍備為「**П-270**［**P-270**］**Москит**」（意指蚊子）超音速反艦飛彈。

在過去，蘇聯都是將潛艦用的超音速反艦飛彈直接搭載於水面戰艦運用，但P270在開發之初就設定為水面戰艦專用。還有一點特別值得注意的是，負責開發的彩虹設計局（MKB Raduga），其實也是從開發戰鬥機非常有名的米高揚－古列維奇設計局（MiG）獨立出來的飛彈部門（過去負責反艦飛彈開發的都是第52實驗設計局）。956型在艦橋左右兩側配置了各1座P-270飛彈的「**KT-190**」四聯裝發射器，總計搭載2座（配置方式類似1155型的KT-100發射器）。對空軍備的部分則搭載了艦載型的「**9K37 山毛櫸**」地對空飛彈——也就是「**M-22 Ураган**」（颶風）飛彈。

主機以該時期的同等級艦艇來看，則是很罕見地採用了蒸氣渦輪，而非燃氣渦輪。之所以會做出這樣的決定，是因為當時蘇聯的造船業界比較有能力製造蒸氣渦輪。或許是因為蒸氣渦輪在運用及整備上真的太過耗力耗時，蘇聯解體後，956型就接連除役（同時期建造的燃氣渦輪式1155型反潛艦到了今日仍繼續服役，表現非常活躍）。

當初956型建造了17艘，目前僅4艘仍在服役中（另外3艘還沒造完就決定解體），除了上述的17艘，蘇俄還出口了4艘給中國海軍。這個潛艦計畫暱稱為「**Сарыч**」（意指鵟）。

※1：彈砲有後座力，搭載的口徑必須與艦體大小成比例，所以小型艦艇很難迎戰大型艦。魚雷不僅能搭載於小型艦艇上，還能對大型艦造成相當的殺傷力。

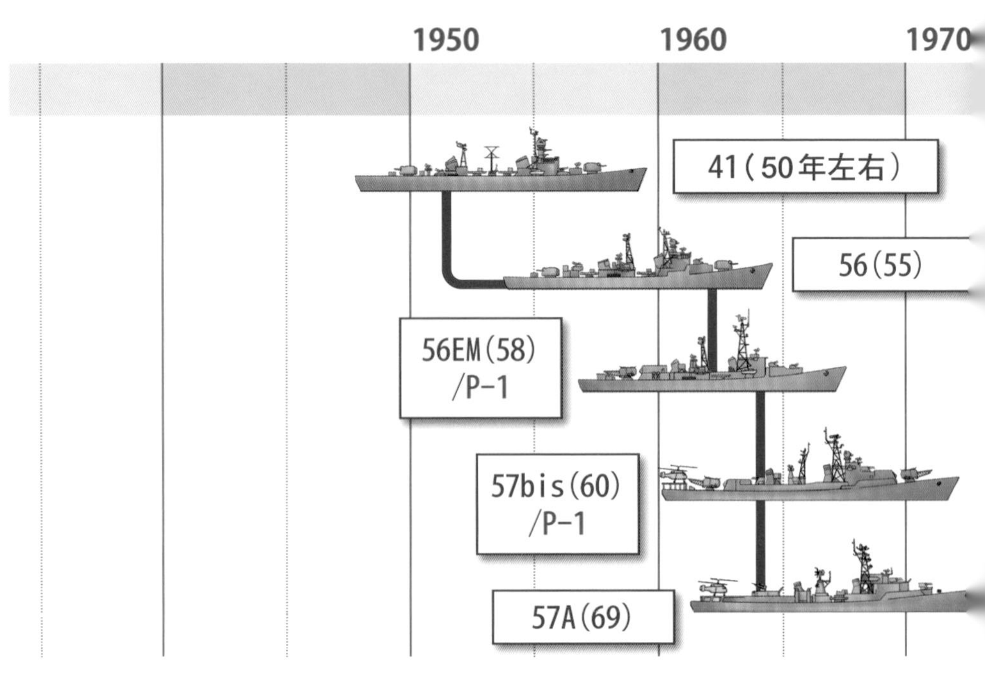

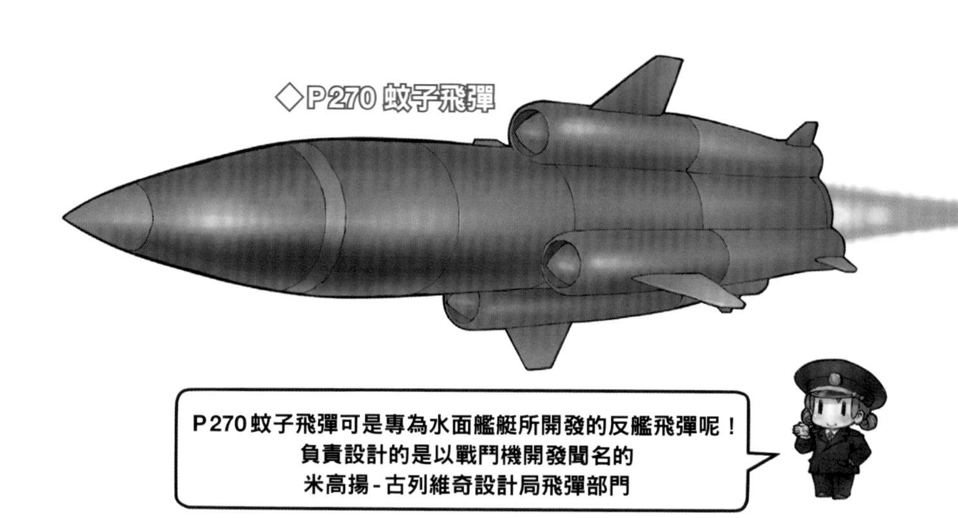

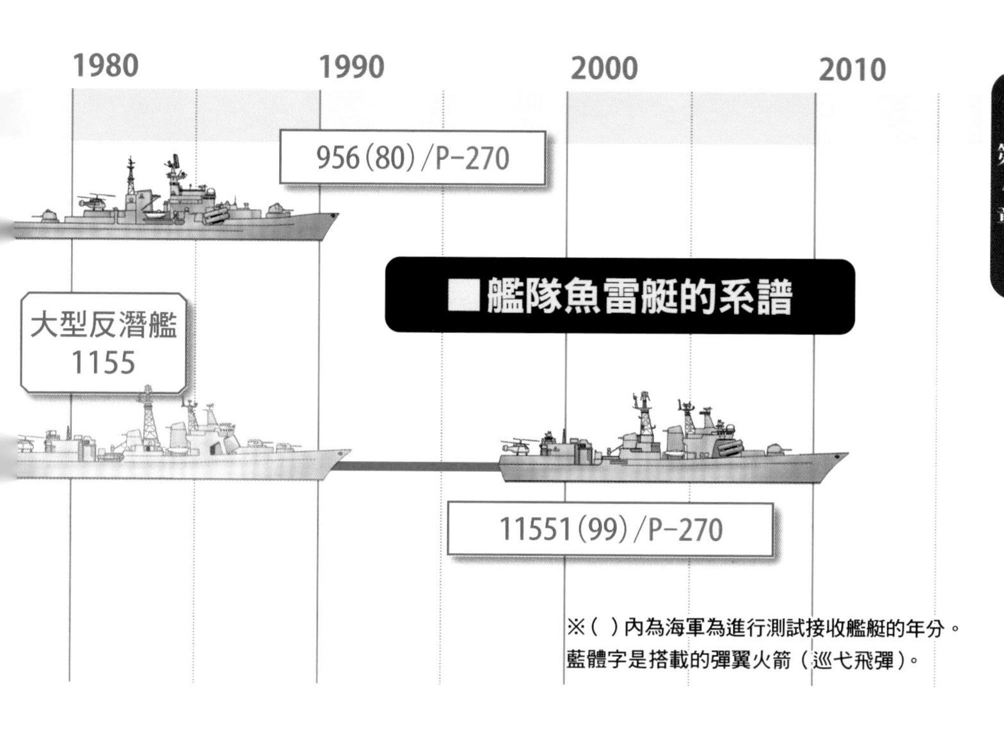

※（ ）內為海軍為進行測試接收艦艇的年分。
藍體字是搭載的彈翼火箭（巡弋飛彈）。

第4章

4.4 警備艦／巡防艦

■艦隊主力

對海軍而言，驅逐艦是功能性強大的艦隊主力。但二次大戰結束後，驅逐艦的走向變得愈大、愈複雜，造價也愈昂貴，要作為主力運用變得非常困難。

■撐起冷戰中期的1135型

蘇聯在冷戰前期量產了「**42型**」（北約代號：科拉級）、「**50型**」（里加級）、「**159型**」（別佳級）、「**35型**」（米爾卡級）、「**1159型**」（科尼級）幾款艦艇※1。這些1,000噸等級艦體只搭載了反潛迫擊砲和魚雷，甚至沒有反潛直升機，裝備相當簡單，卻背負著蘇聯海軍主力的使命。

接著在1970年登場的「**1135型**」（北約代號：克里瓦克Ⅰ級）和既有的船艦截然不同，感覺就像是縮小版的大型反潛艦，實力堅強。

蘇聯過去的警備艦都採柴油引擎和燃氣渦輪並行的推進模式，但1135型的主機直接採用全燃氣渦輪推進。反潛軍備的部分是在艦艏配置1座URPK-4（基本上和URPK-3相同，皆是四聯裝水平發射器）。後來則和1134A／B型（克里斯塔Ⅱ級／卡拉級）一樣，都替換成能執行反艦攻擊任務的URPK-5。另外，艦艉配備有反潛直升機，排水量更超過3,000噸。

1135型包含改良款的建造數量為海軍用32艘、邊境警備用9艘，潛艦計畫暱稱為「Буревестник」（海燕）。

■邁向次世代船艦的中繼款11356R型

蘇聯海軍於90年代之初開發的艦種為「**11540型**」（計畫代號：Ястреб，意指

隼；北約代號：不懼級）堪稱是1135型後繼款，但其規格能力無法滿足蘇聯海軍的需求，最後只建造2艘便計畫中止。蘇聯接著又著手開發新款22350型（後述），卻因為導入了各種新技術，導致下水服役的時程大幅延遲。

為填補空窗期，蘇聯投入了以1135型改良而成的「**11356P[11356R]型**」（計畫代號：Буревестник；北約代號：格里戈洛維奇海軍上將級）艦種。11356R型其實是將為了出口印度所開發的11356型加以運用，雖然説是改良款，卻因為大幅縮小雷達的截面積（Radar Cross Section，RCS），使船身形狀明顯改變，外觀看起來完全不同。

11356R型備有3S14通用型垂直發射器（8聯裝），能夠發射「口徑」、P-800「縞瑪瑙」、「鋯石」等反艦／對地飛彈。對空軍備部分則搭載了垂直發射式的M-22「颶風」飛彈。

蘇聯為印度海軍總計建造6艘11356型，也為自己建造了3艘11356R型，目前建造中的有3艘，竣工後將會出口印度。

11356型警備艦（巡防艦）。蘇聯將冷戰時期的傑作1135型警備艦改裝後，再次華麗登場。船體的雷達截面積變小，各種飛彈也改成垂直發射式，外觀與過去的1135型截然不同。
（©Ministry of Defence of the Russian Federation）

11661型警備艦（巡防艦）。圖片裡的二號艦「達吉斯坦號」是裏海區艦隊的旗艦，2015年時曾發射「口徑」飛彈對敘利亞的反政府勢力進行遠距攻擊。
（©Ministry of Defence of the Russian Federation）

第4章

■替代小型警備艦的 11660/11661型

為了替代1,000～2,000噸等級的警備艦，蘇聯在末期開始了1艘「**11660型**」和3艘「**11661型**」（北約代號：獵豹級）的造艦工程，但都在中途就停止，只有2艘11661型在進入21世紀後竣工。而這2艘警備艦目前仍隸屬裏海區艦隊服役。事後俄羅斯更追加建造4艘11661型並出口越南。

■俄羅斯海軍新世代艦22350型

進入21世紀後，俄羅斯又建造了2款新艦艇，分別是「**22350型**」（計畫代號：Адмирал Горшков，通稱：戈爾什科夫海軍上將級）。蘇聯海軍將大型反潛艦和警備艦整合入「巡防艦」（Фрегат）類別（參照專欄），22350型即首艘建造時便歸類為巡防艦的艦種。

22350型刻意縮小船體上的雷達截面積，並搭載了3S14通用型垂直發射器（16枚）及9K96「稜堡」對空飛彈系統（32枚）。從3S14發射的「口徑」飛彈又可分成反艦、對地、反潛，應付各種任務。蔚為話題的「鋯石」超音速反艦飛彈同樣以艦上的3S14發射器試射。

22350型的一號艦是以蘇聯海軍最偉大的「戈爾什科夫海軍上將」※2為名，不難看出軍方對該艦種的高度期許。其實此消息一出，便有許多聲音認為這種小型艦不該冠上戈爾什科夫海軍上將之名（作者也同感）。作者撰寫本書時已有2艘22350型下水服役，6艘建造中，另外還有2艘已簽訂造艦合約。

■噸位雖小卻擁有極佳通用性的20380/20385型

另一款新世代艦則是「**20380型**」（計畫名稱：Стерегущий，通稱：守護級）。這款船艦也具備21世紀新款艦艇的風格，刻意將船體的雷達截面積最小化，但排水量不及前述22350型一半，僅2,000噸左右，噸位非常小，因此被分類於巡防艦下一階的新艦種「護衛艦」（Корвет）中。

兩款主要軍備為艦橋前方的垂直發射器，20380型搭載小型反艦飛彈3M24（8枚），火力稍嫌不足，至於改良型「**20385型**」換成了與22350型一樣的3S14通用型發射器（8枚）。對空軍備和22350型一樣，都搭載了「稜堡」，感覺就像是「迷你版」22350型。

作者撰寫本書時，已有6艘20380型下水服役，4艘建造中，另還有8艘已簽訂造艦合約。20385型則是1艘下水服役，3艘建造中。

本書頁數有限，無法詳談小型反潛艦的部分，但這12款總計超過650艘的艦艇背負起提防美國海軍潛艦，持續守護著「聖域」的任務，對蘇俄而言占有重要的一席之地。

※1：「42型」建造了8艘、「50型」68艘、「159型」56艘、「35型」18艘、「1159型」14艘。
※2：完整的頭銜為「蘇維埃聯邦艦隊海軍上將戈爾什科夫」（Адмирал флота Советского Союза Горшков）。

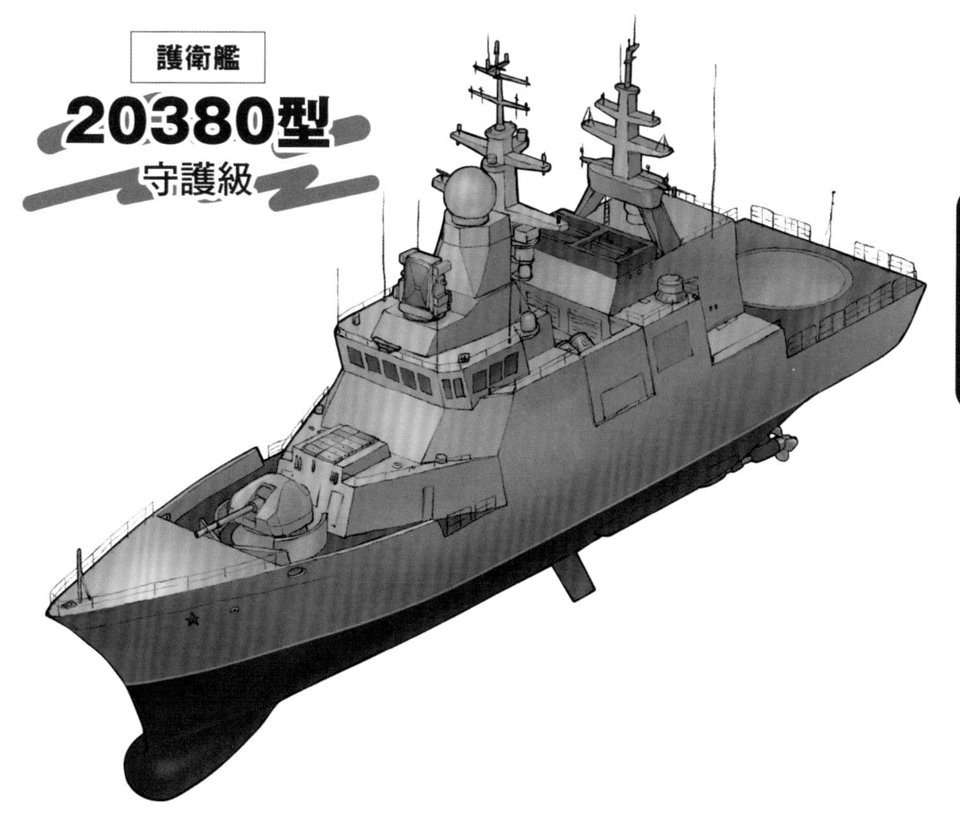

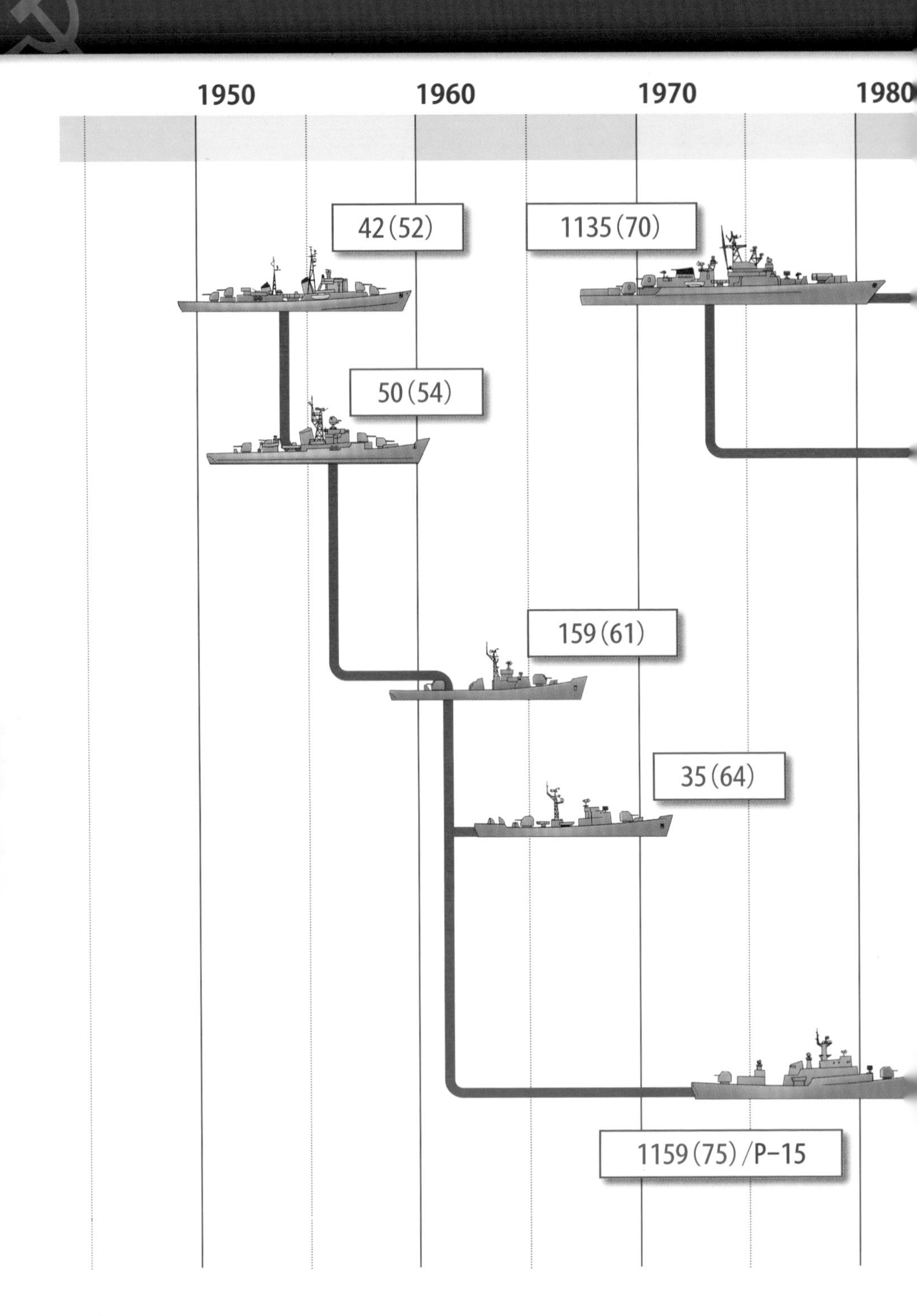
1950
1960
1970
1980
42(52)
1135(70)
50(54)
159(61)
35(64)
1159(75)/P-15

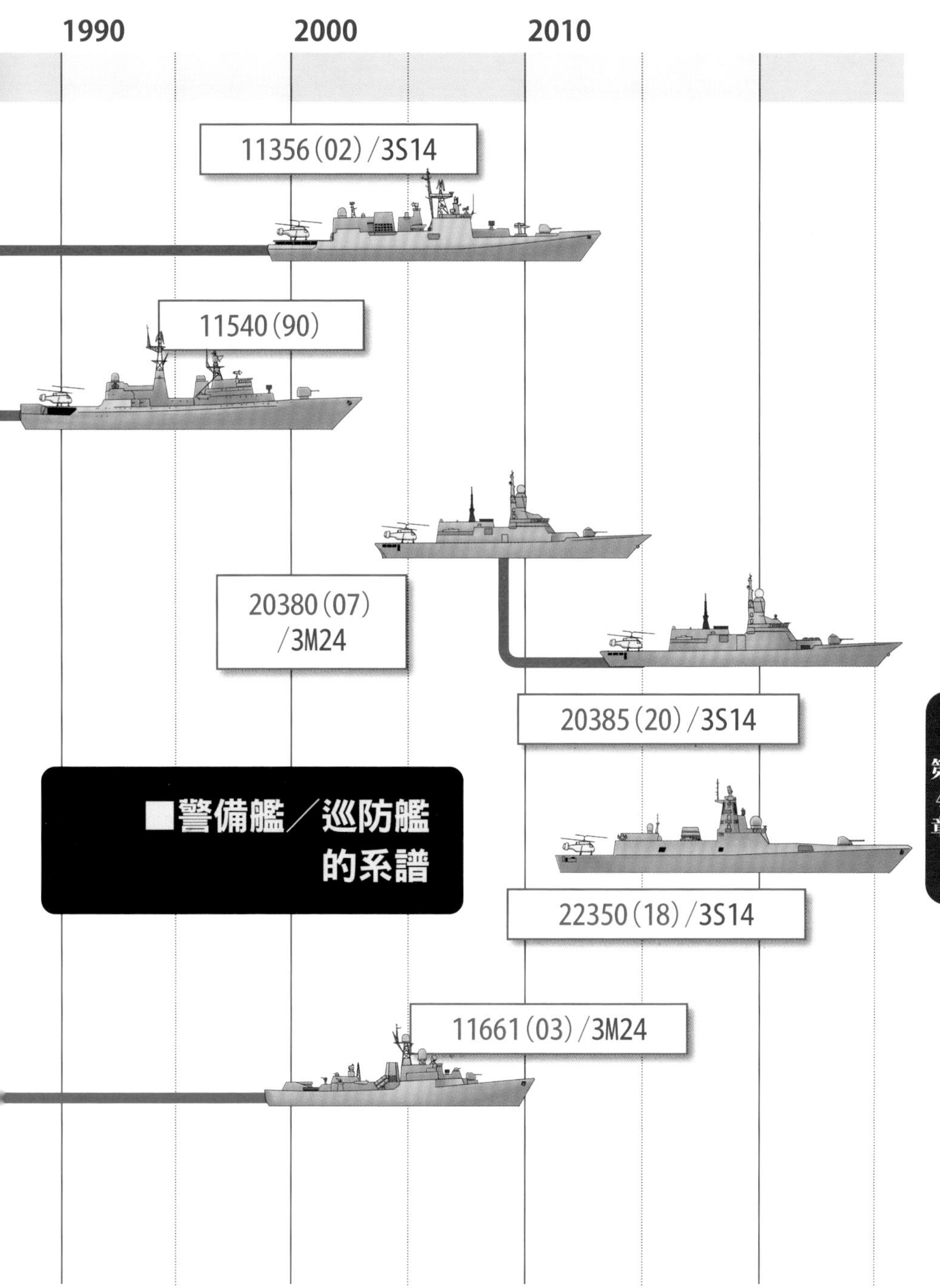

※(　)內為海軍為進行測試接收艦艇的年分。
藍體字是搭載的彈翼火箭（巡弋飛彈）。

4.5 小型飛彈艦與飛彈快艇

■身形小卻武裝有強大的反艦飛彈

其實在1970年代後半以前，美國海軍並沒有部署艦對艦飛彈，各位年輕讀者聽到可能會覺得很不可思議。這是因為美國海軍不曾預料到必須發射飛彈進行反艦攻擊（水面艦艇相對比較重視反潛、對空，所以反艦軍備僅延續二次世界大戰，配備了艦砲）。就在1967年，以色列海軍的埃拉特號驅逐艦遭埃及海軍的蘇聯製飛彈快艇擊沉後，出現了大幅轉變。從排水量僅80噸的小型飛彈快艇所發射的俄製反艦飛彈立下大功，受到世界各方關注。對此，美國海軍在隔年投入「RGM-84魚叉」反艦飛彈的開發，並於1977年首次搭載於艦艇上※1。在那之後，魚叉飛彈便成了美軍水面戰艦的標配，能夠防禦敵方反艦飛彈的近迫武器系統CIWS也隨著這股改變開始搭載於艦艇上。

從1960年代登場的58型（肯達級）飛彈巡洋艦就不難看出，蘇聯其實很早就開始於艦艇部署反艦飛彈，也相當重視可搭載斐艦飛彈的小型飛彈快艇。飛彈快艇更被賦予「飛彈時代的魚雷艇」之稱。前面雖然有提到，魚雷艇因欠缺航海性而遭廢，但運用於沿岸時CP值卻很高，再者，蘇聯可是海岸線長度數一數二的國家。

對此，蘇聯選擇將排水量約為1,000噸的「小型飛彈艦」和排水量不滿500噸的「飛彈快艇」運用於沿岸。接著就讓我們一起了解這兩種艦艇。

■飛彈快艇

蘇聯生產的首款飛彈快艇為「**183P［183R］型**」（北約代號：Komar級），是將183型魚雷艇的軍備從原本的魚雷換成「**П-15［P-15］Термит**」（意指白蟻）反艦飛彈，也是世界首艘飛彈快艇。

P-15飛彈和前面提到的大型超音速反艦飛彈相比，或許較為遜色，但因為P-15尺寸小、好運用，能搭載於各類艦艇，通用性極佳，甚至出口至世界多國。兩伊戰爭（1980～1988年）時，伊朗及伊拉克雙邊更是用此飛彈相互攻擊。另外，中國也授權生產了183R型飛彈快艇。蘇聯總共建造了112艘183R型，77艘出口海外，出口埃及的其中一艘更擊沉了以色列的埃拉特號驅逐艦。183R型的計畫暱稱為「**Комар**」（羅馬化：Komar，意指蚊子）。在面對強國的龐大艦隊時，「蚊子」和「白蟻」就像是不被當一回事的「蟲子」，但蚊子是致死傳染病的媒介，白蟻也可能把一棟房子啃食殆盡，都會帶來嚴重傷害，所以是讓人恐懼的「蟲子」。

接著提到的是專為搭載白蟻反艦飛彈設計的首艘飛彈快艇「**205型**」（北約代號：胡蜂級），此款快艇總計建造了279艘，出口量同樣可觀。潛艦計畫暱稱為「**Москит**」（羅馬化：Moskit，意指蚊子）。

另外，和183R型一樣，蘇聯還將12艘206M型魚雷艇的軍備換成白蟻反艦飛彈，稱為「**206МР［206MR］型**」。

■大型飛彈快艇

比上述飛彈快艇噸位大，排水量約500噸艦種的則是「**1241型**」（北約代號：毒蜘蛛級），潛艦計畫暱稱為「**Молния**」（羅馬化：Molniya，意指閃電），本款船艦被分類在「大型飛彈快艇」（**Большой Ракетный Катер**）中。

根據搭載的軍備、電子儀器、主機差

■小型飛彈艦的系譜

1960

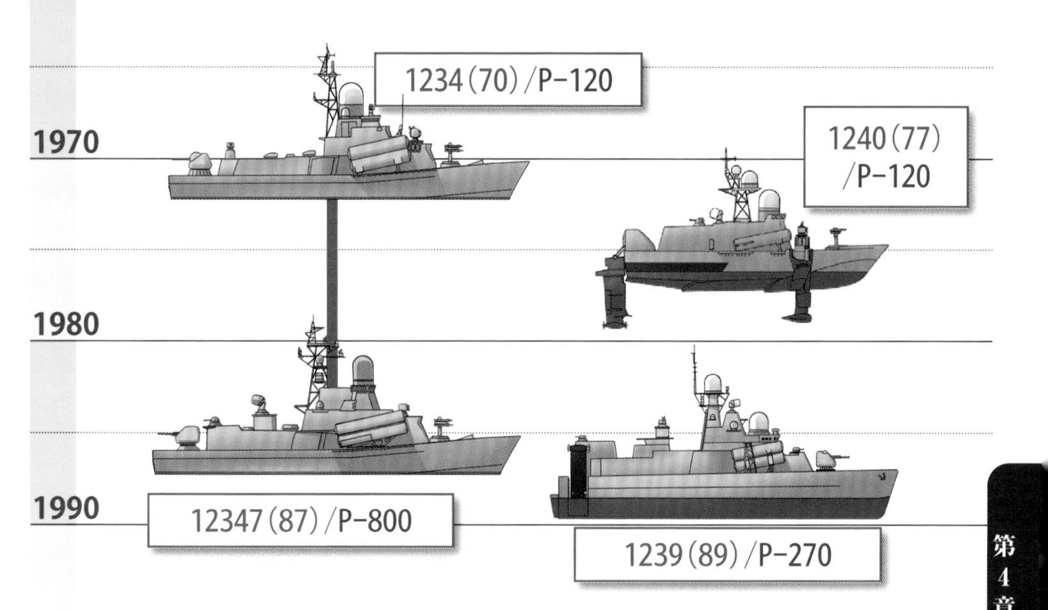

2000

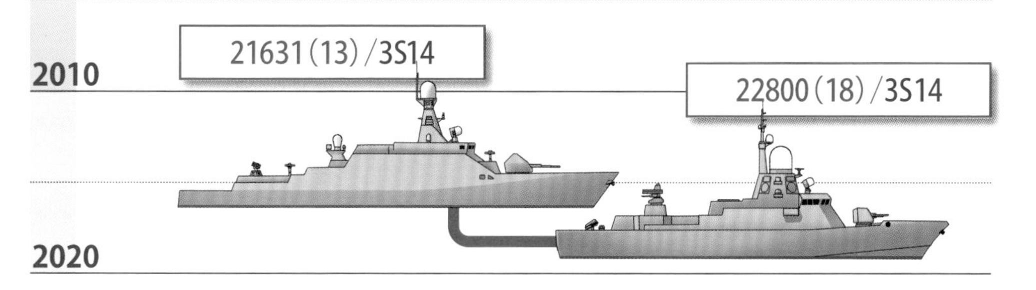

※(　)內為海軍為進行測試接收艦艇的年分。
藍體字是搭載的彈翼火箭(巡弋飛彈)。

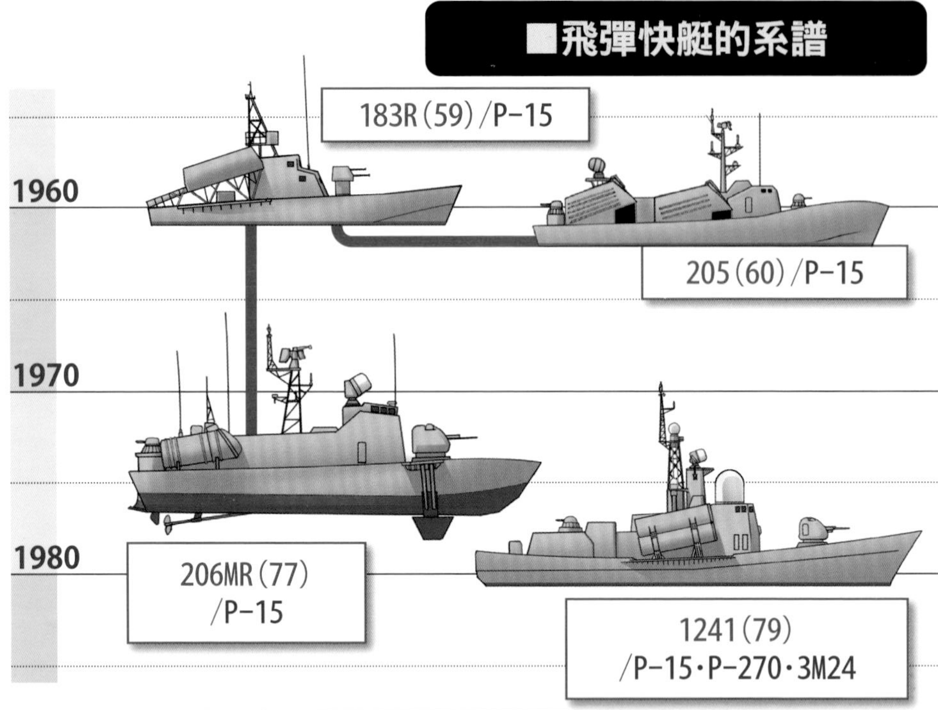

※( )內為海軍為進行測試接收艦艇的年分。
藍體字是搭載的彈翼火箭(巡弋飛彈)。

異，1241型又可細分成幾個小類。

- 搭載P-15M（P-15射程延伸型）的「**1241型**」（1艘）、「**12411T型**」（12艘）、「**12417型**」（1艘）
- 搭載P-270「蚊子」飛彈的「**12411型**」（33艘）、「**12421型**」（1艘）
- 搭載P-20（P-15出口型）的「**1241PЭ[1241RE]型**」（25艘，出口用）
- 搭載3M24的「**12418型**」（4艘竣工，7艘建造中）

■小型飛彈艦——蘇聯時代

揭開蘇聯小型飛彈艦序章的艦款是「1234型」（北約代號：納努契卡級），本艦是在670M小型巡弋飛彈潛艦（查理Ⅱ級）搭載了6枚P-120「孔雀石」反艦飛彈。蘇聯共建造17艘基本款的1234型、19艘改良款的「**12341型**」。另外還有1艘「**12347型**」，是將「孔雀石」飛彈換成P-800「縞瑪瑙」飛彈。出口用的「**1234Э[1234E]型**」則搭載了P-20飛彈。

2008年俄羅斯與喬治亞（俄文發音直譯為「格魯吉亞」）發生衝突時，1艘12341型飛彈艦就曾在阿布哈茲海域與喬治亞的巡邏艇交戰。俄方先以「孔雀石」擊沉1艘巡邏艇，接著又以4K33對空飛彈擊毀另一艘巡邏艇。作者從那之後，就完全拋棄了「○○武器是為了××所開發，所以只能以△△的方式使用」的既有觀念，1234型潛艦計畫又名為「**Овод**」（羅馬化：Ovod，意指虻）。

1234型雖然是蘇聯時代唯一一款小型飛彈艦，但另外還發展出2款「變種」艦。其一是實驗性質強烈，只建造1艘的「**1240型**」水翼飛彈艦，艦上

1234型小型飛彈艦
（©Ministry of Defence of the Russian Federation）

第4章

21631型小型飛彈艦。2015年，3艘21631型從裏海對敘利亞的反政府勢力發動長距攻擊。小型艦能成功執行這樣的任務可說是意義非凡，對俄羅斯而言，也更有助積極推展口徑飛彈的外銷。
（©Ministry of Defence of the Russian Federation）

搭載了4枚「孔雀石」飛彈。計畫暱稱為「Ураган」（颶風）。

另一款是氣墊式的「**1239型**」（北約代號：Dergach），蘇聯建造了2艘。計畫暱稱為「Сивуч」（意指海獅）。

■小型飛彈艦——俄羅斯時代

進入21世紀後，俄羅斯打造出全新類型的小型飛彈艦，而這一切嘗試都是為了前面偶爾提到的「3S14」通用型發射器。3S14型之所以會被稱為通用型，正是因為其性能不只可搭載於大型艦上，也能與不足1,000噸的小型艦相搭配；換句話說，這意味著小型艦也能部署和大型艦一樣的軍備。

「**21631型**」（通稱：暴徒M級）是將2000年代登場的「**21630型**」小型砲艦（通稱：暴徒級）搭載3S14發射器的飛彈艦。2015年10月7日，隸屬裏海區艦隊的3艘21631型（以及1艘11661型警備艦）朝遠在1,500公里之外的敘利亞發射了26枚口徑飛彈，攻擊激進組織「伊斯蘭國」。在過去，只有戰斧飛彈成功執行長距離的巡弋攻擊任務。再者，戰斧飛彈必須搭載於將近10,000噸的大型艦或核潛艦上，因將近俄羅斯搭將飛彈搭載於未滿1,000噸的艦艇上可說是相當跨時代的突破。作者撰寫本書時已有8艘21631型下水服役，4艘建造中。21631型潛艦計畫名為「Буян」（羅馬化：Buyan），俄文意思是「暴徒」。

另外，「**22800型**」（通稱：卡拉庫爾特級）是搭載了3S14發射器，同時考量航海性的艦種※2。作者撰寫本書時有3艘下水服役，13艘建造中，另有2艘已簽訂造艦合約。此外，俄羅斯很積極地想將此艦出口海外，2017年開出的售價為20億盧布（依當時匯率約為40億日幣），說真的，以這樣的價格就能擁有巡弋飛彈的遠端攻擊能力還可真划算呢。俄文直譯的「卡拉庫爾特」（Каракурт）其實是指一種蜘蛛（又名歐洲黑寡婦蜘蛛）。

※1：1965年，美國海軍開始研究能攻擊上浮潛艦的飛彈。就在1967年埃拉特號驅逐艦遭擊沉後，隔年正式投入反艦飛彈的開發。1971年美國軍方選定主承包商（麥道公司）後隨即投入研發製造，並於1977年開始服役，此款飛彈即是魚叉反艦飛彈。
※2：21630/21631型當初設定就是航行於裏海，欠缺航海性，因此22800型的吃水深度表現比21630/21631型更好。

4.6 反潛巡洋艦與航空巡洋艦

■與日本「榛名級／白根級」護衛艦相似的1123型

地位與水面戰艦相當，同樣扮演蘇聯海軍重要角色的是搭載飛機的艦艇。

前面已有提到，蘇聯海軍擁有極佳的反潛能力。反潛武器種類多樣，其中最厲害的當然就是飛機了。自從二次世界大戰，美軍投入護衛航母作為應付U型潛艦的最後王牌，飛機是最佳反潛武器的地位就不曾改變。即便是冷戰時期，甚至來到今日，飛機——反潛直升機仍是潛艦最具威脅性的武器。

「**1123型**」（通稱：莫斯科級）是蘇聯為了部署更大量的反潛直升機所開發的首艘船艦，歸類為「反潛巡洋艦」（Противолодочный Крейсер）。本艦前半部配置了巡洋艦應有的軍備（對空飛彈與反潛飛彈），後半部則設置了直升機甲板。此配置與日本海上自衛隊的「榛名級／白根級」護衛艦相同，整體設計構思一樣。差別在於「榛名級／白根級」的艦載飛機數為3架，1123型則多達14架，包含12架「Ka-25PL」反潛直升機、2架「Ka-25PS」救難直升機（有時也會配置「Ka-25Ts」反艦飛彈中途導引直升機）。除了艦體本身的空間足夠，蘇聯還在飛行甲板下方配置了機庫，才有辦法艦載這麼多架直升機（日本「榛名號／白根號」的機庫位於艦橋）。機庫可收納12架直升機。

前甲板配置了2座M-11防空飛彈系統、1座「РПК-1[RPK-1] Вихрь」（意指旋風）反潛飛彈飛射器。蘇聯建造了2艘1123型，潛艦計畫暱稱為「Кондор」（意指禿鷲）。

■邁向真正的航母之路——1143型

日本考量直升機的運用效率，建造了全通式甲板的「日向號」／「出雲號」護衛艦作為「榛名號／白根號」的後繼艦種。而蘇聯1123型的後繼艦種同樣「更像航空母艦」，也就是「**1143型**」（通稱：基輔級），歸類為「重型航空巡洋艦」（Тяжёлый Авианесущий Крейсер）。

雖然說1143型「更像航空母艦」，但並非採用全通式甲板，而是從船體後部延伸至艦橋左側的斜角甲板（angled deck）。美國海軍的航母基於著艦時的安全性※1，其實也會採用斜角甲板，但1143型單純是為了避掉艦橋，確保更寬敞的面積。再者，1143型艦上的直升機可以垂直起降，根本不需要「滑行跑道」，標準配置為16架「Як-38[Yak-38]垂直起降戰機」和18架Ka-25直升機（負責反潛、救難、飛彈導引等多種任務）。

Yak-38是蘇聯海軍首架艦上戰機，但因為沒有搭載雷搭，只能部署紅外線導引的空對空飛彈，嚴格說來不算真正的戰機。即便如此，開始發展戰機就代表蘇聯跳脫過往的「純」反潛艦，朝海軍殷切期盼的定翼機運用跨出第一步。

不過，1143型的前甲板還是配置了巡洋艦應有的軍備。除了和1123型一樣有M-11防空飛彈系統，還部署了4座用來發射P-500超音速反艦巡弋飛彈「玄武岩」用的大型聯裝發射器「СМ-240[SM-240]」，如此堅強的軍備內容

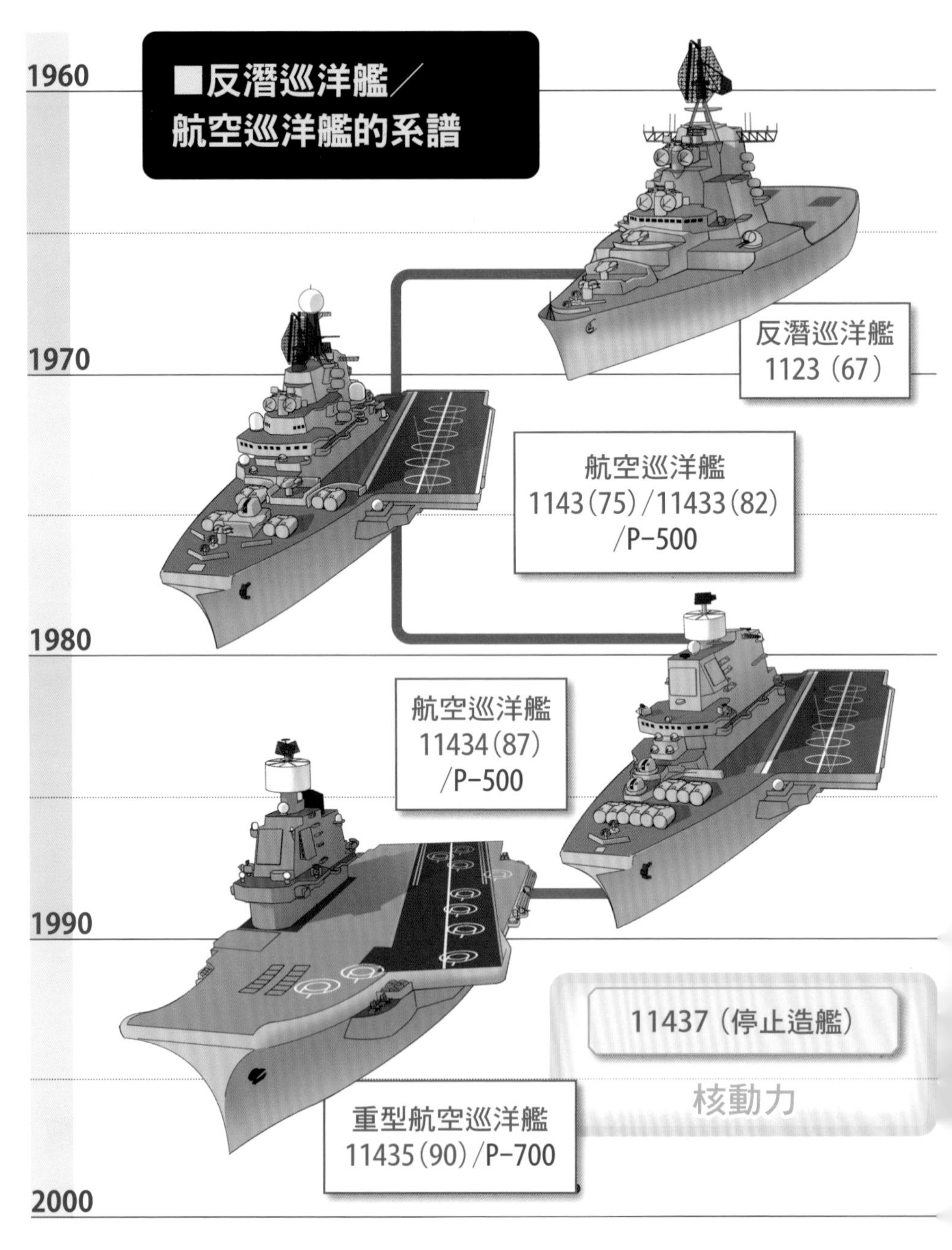

※（ ）內為海軍為進行測試接收艦艇的年分
藍體字是搭載的彈翼火箭（巡弋飛彈）。

已是「巡洋艦」等級。

1143型的一號艦稱作「基輔號」，二號艦為「明斯克號」（11432型），接著三號艦「新羅西斯克號」（11433型）開始搭載「Ka-27」新型直升機。另外，四號艦「巴庫號」（11434型）的反艦飛彈系統換成6座搭載P-1000「火山」飛彈的「**CM-241**[SM-241]」聯裝發射器。不僅武裝內容更加堅強，艦橋更嵌入了龐大的相位陣列雷達「Mars-Passat」（**Марс-Пассат**）※2，成了很明顯的外觀特色。

「巴庫號」在進入俄羅斯時代後改名為「戈爾什科夫海軍上將號」※3，接著來到21世紀，完成全通式甲板的大改工程後就賣給了印度（印度海軍稱其為「超日王號[INS Vikramaditya]）。1143型潛艦計畫暱稱為「**Кречет**」（意指一種鳥類矛隼）。

■蘇聯海軍首艘擁有全通式甲板的正規航母

也就是1143型五號艦的「**11435型**」──庫茲涅索夫海軍上將號※4。

該艦不僅採用全通式甲板，更將反艦飛彈嵌埋入艦體內，同時廢掉反潛飛彈與長程對空飛彈（不過搭載有192枚自艦防禦用短程對空飛彈）。另外還搭載了「**Су-33**[Su-33]」艦載定翼機，算是正規的航艦。然而，艦上未搭載跟美國航母一樣的彈射器，而是利用艦艏帶斜度的「滑躍起飛甲板」（**Трамплин**，西方國家稱其為Ski jump deck）讓飛機離艦。艦艏傾斜飛行甲板後方的艦體中配置了12座搭載反航母飛彈「決定版」──P-700「花崗岩」飛彈的「**CM-233A**[SM-233A]」垂直發射器。這些發射器開啟護蓋後，飛機就無法離艦，發射器也會擠壓到機庫空間，從飛機運用層面來看，只有「礙事」二字可以形容。不過，也是因為此軍備的關係，本艦才會稱「航空巡洋艦」，而非「航空母艦」。

搭載有P-700「花崗岩」飛彈的949A型潛艦（奧斯卡Ⅱ級）和1144型巡洋艦，為了配備「鋯石」超音速反艦飛

11435型重型航空巡洋艦「庫茲涅索夫海軍上將號」，完整的正確艦名應為「Адмирал Флота Советского Союза Кузнецов」（直譯為蘇維埃聯邦艦隊海軍上將庫茲涅索夫）。（©Ministry of Defence of the Russian Federation）

彈，皆投入裝備變更作業，但11435型卻未見任何動作。依作者所見，俄羅斯應該在猶豫發射器要廢除還是保留。

無論結論為何，對目前的俄羅斯海軍來說，11435型是唯一一款正規航艦，具備展現存在感的重要地位。敘利亞內戰時（2011年～），俄羅斯將11435型投入地中海東部，對激進組織伊斯蘭國發動空襲，即再再顯示其存在價值。

■未完成艦與計畫艦

143型（基輔級）的六號艦「**11436型**」在造艦途中遭逢蘇聯解體，歸烏克蘭所有，烏克蘭竣工後又賣給中國，即中國首艘航空母艦「遼寧號」。11436型和11435型規格幾乎一樣，但售出時當然先行拆下P-700「花崗岩」飛彈。

接著，七號艦「**11437型**」的艦艏設有滑躍起飛甲板，斜角甲板處也配備了彈射器。推進系統原本規劃採用核動力蒸氣渦輪，排水量更是近80,000噸，完全符合大型航母的正規規格（即便如此也還是預計要搭載16座P-700飛彈發射器）。但隨著蘇聯崩解，造艦計畫也因此中斷。當時船身的完成度已相當高（後被解體），未能竣工實在可惜。

進入21世紀後，俄羅斯進一步規劃了「庫茲涅索夫海軍上將號」後繼艦種的造艦計畫。俄羅斯公布的各種概念模型當中，不只有與美國同等級的大型艦，也包含了小型艦種，其中最大的「**23000型**」，排水量不僅接近100,000噸，更計畫搭載最新型的「Cy-57[Su-57]」，即蘇愷-57匿蹤戰機，不難看出俄羅斯的野心，但以目前財政狀況來看，造艦計畫要順利執行相當有難度。

※1：美國航母的斜角甲板會用來讓飛機降落。如果飛機起降全在筆直的飛行甲板進行，一旦艦載機降落時發生事故，可能會波及停在甲板上待命的其他飛機。改讓飛機降落於斜角甲板的話，就算發生事故波及範圍也僅限於降落機。
※2：「Марс」是俄羅斯海軍用語，意指「桅樓」。「Пассат」是指「信風」。
※3：完整的名稱為「Адмирал флота Советского Союза Горшков」（直譯為蘇維埃聯邦艦隊海軍上將戈爾什科夫）。
※4：完整的名稱為「Адмирал Флота Советского Союза Кузнецов」（直譯為蘇維埃聯邦艦隊海軍上將庫茲涅索夫）。

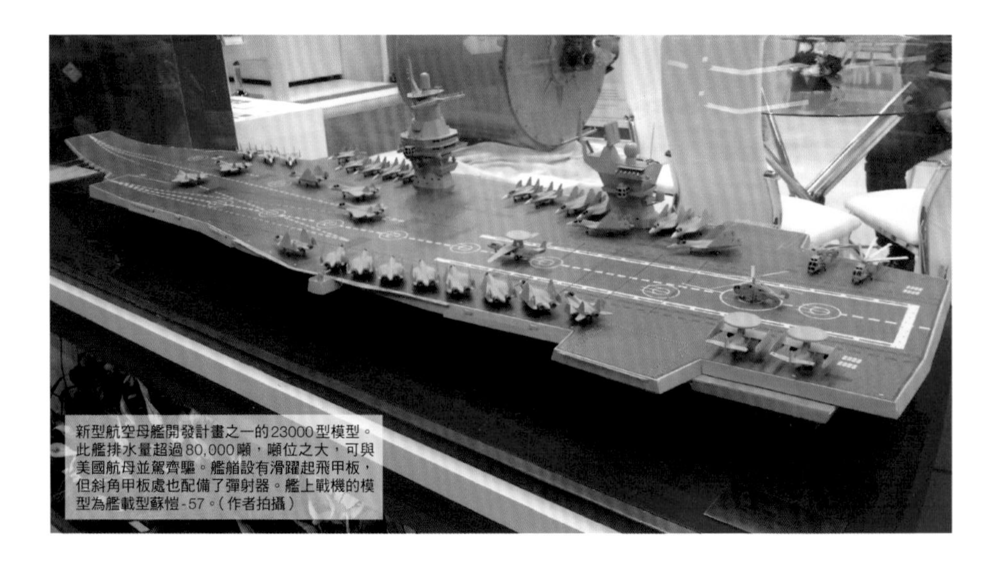

新型航空母艦開發計畫之一的23000型模型。此艦排水量超過80,000噸，噸位之大，可與美國航母並駕齊驅。艦艏設有滑躍起飛甲板，但斜角甲板處也配備了彈射器。艦上戰機的模型為艦載型蘇愷-57。（作者拍攝）

俄羅斯的「超級」武器

高超音速滑翔飛行器「先鋒」

■彈道飛彈唯一的缺點

彈道飛彈可以說是人類史上最強的武器，但其實有個唯一的缺點。那就是飛行軌道只能是「單純的橢圓軌道」。一旦軌道路徑被計算出來，便能知道彈道飛彈會在「哪個時間點」通過「哪個地點」，迎擊的飛彈就能根據預估時間前往預測地點，執行「等待」迎擊的任務（但這其實需要超高技術）。目前彈道飛彈的防禦系統就是以這樣的機制建構而成。

為了提升迎擊的難度，能夠積極且機動性改變軌道的「機動式彈頭」（可操縱重返載具）就此問世。美國搭載於「潘興二型」飛彈上，蘇聯則是搭載於R-36M2「撒旦」洲際彈道飛彈上。

■滑行於大氣層邊界

比可操縱重返載具更進階，重返時能夠滑行於大氣層邊界，且飛行軌道完全不同於彈道飛彈的飛行武器隨之開發問世，此武器被稱作「高超音速滑翔飛行器」。彈頭的部分（重返載具）又名叫「乘波體」（waverider），它就像是有著三角形機身的飛機，這樣的形狀能透過機體下方產生的衝擊波獲得升力。蘇聯在冷戰末期開發了一款重返大氣層後能水平滑翔1,000公里，名叫「**信天翁**」（Альбатрос）的滑空型彈頭。

到了21世紀，俄羅斯又重啟研究，

開發出「**先鋒**」(Авангард)高超音速彈頭。「先鋒」的滑翔距離可達數千公里，基本上與彈道飛彈是完全不同層級的武器。俄羅斯在2019年開始正式部署「先鋒」，搭載於UR-100N UTTKh洲際彈道飛彈上。

就在作者撰寫本書期間的2020年年底，俄羅斯終於公開了「先鋒」的介紹影片。最關鍵的滑翔飛行器覆蓋上整流罩，無法從外部觀察，但以飛彈外觀來來說，基本上跟UR-100N UTTKh衍生開發出的人造衛星發射用火箭「**Стрела**」(意指箭；包含整流罩的部分)長得一模一樣。「先鋒」未來預計會搭載於正在開發中的「RS-28薩爾馬特」重型洲際彈道飛彈。

高超音速滑翔飛行器滑行的同時速度也會變慢，優點為能夠改變軌道，缺點為速度會變慢，運用上必須加以權衡，對此，若能與軌道單純但擁有超高速的一般彈道飛彈並用，那麼在運用上就會更加靈活。

核魚雷「波賽頓」

■現代技術助力下重啟的核魚雷計畫

第3章有提到，蘇聯首艘核潛艦627型(北約代號：十一月級)是為了搭載「**T-15**」巨型核魚雷所開發的潛艦。然而，T-15的射程能力距離敵國港灣不得超過40公里，執行上「過於非現實」慘遭廢止。但「某個想法」卻讓相同的武器在21世紀華麗復活，也就是核魚雷「**2M39波賽頓**」(Посейдон，希臘神話中的海神)。「如果40公里的射程太短，那麼就乾脆把射程拉長。既然一般的魚雷能力有限，那就換成核動力推進吧！」小型核反應爐再加上可長距離且全自動的自感／導航技術將這個大膽想法化為可能，的確也是21世紀才有辦法做出來的武器。俄羅斯軍方在宣傳時也表示，與其說「波賽頓」是魚雷，反而更像水中無人機(UUV)。

■推估全長20公尺的巨型尺寸

根據俄方公開的工廠影片，推估「波賽頓」的直徑約2公尺、全長總計20公尺，比重必須相當於海水的話，重量預計會接近100噸。俄羅斯媒體也指出，「波賽頓」時速超過200公里(100節)，潛航深度可達1,000公尺，因此潛艦也難以追擊。再加上使用了核動力推進系統，續航距離表現極佳，甚至能攻擊地球的另一端。「波賽頓」搭載的是核彈頭，以如此龐大的尺寸來看，推估核爆威力可達10～100百萬噸，不僅能摧毀包含目標港灣的沿岸城市，甚至會引起海嘯。宣傳影片裡更提到，不只有港灣，「波賽頓」也能瞄準航母。

「波賽頓」的母艦，是以949A型核潛艦(奧斯卡Ⅱ級)最終艦款改造成的「09852型」，作者撰寫本書時仍在測試中，預計2021年下水服役。

終章

©Ministry of Defence of the Russian Federation

設計局與工廠

蘇聯體制的產業機制

■社會主義下的產業結構

對西方國家而言，軍需產業其實也是民間企業，軍方提出需要的規格，委託企業設計兼製造。以戰鬥機為例，每間業者根據規格提出概念設計案。接著軍方從中挑選2間企業簽訂試作合約。這個合作模式基於資本主義原則，卻有個癥結點，就是除了最後獲選的企業，其他業者都無法取得合作機會。雖然軍方必然會支付業者設計試作費，但對業者而言，還是要走到量產才有意義。

反觀，蘇聯會特別區分出負責設計到製造試作品的實驗設計局（Опытно-Конструкторское Бюро，ОКБ）以及負責正式生產製造的工廠（завод）。實驗設計局會根據政府提出的規格進行設計、製造試作品，政府會依試作結果決定採用，並委命工廠負責生產。就算試作品不予採用，實驗設計局在做出試作品後就算任務結束，政府也會以配給方式派任生產工作，所以不會有工廠忙不過來的問題。這樣的運作模式堪稱是名符其實的社會主義。

■以編號稱呼設計局和工廠

負責設計武器的設計局除了實驗設計局外，還有中央設計局（Центральное Конструторское Бюро，ЦКБ）、特種設計局（Специальное Конструкторское Бюро，СКБ），以及專業設計局（Специализированное Конструкторское Бюро，СКБ）等。

這些設計局都會有個編號，像是「第155實驗設計局」（ОКБ-155），後來才又賦予個別名稱，「第155實驗設計局」就是「米高揚－古列維奇設計局」。

工廠也是用編號稱之，如「第189工廠」（Завод № 189），但後來同樣有個別名稱，例如「第189工廠」的名稱就是「巴爾迪斯基扎沃德造船廠」（Балтийский завод，又稱波羅的造船廠）。其實編號制是蘇聯政府的命名方針，但對於自帝政時期就有著長遠歷史的工廠而言，反而是換回原本的名字。

接著就來向各位介紹書中負責生產洲際彈道飛彈、潛射彈道飛彈、彈道飛彈潛艦、各種潛艦、水面戰艦以及各種艦載飛彈的設計局和工廠（造船廠）。

洲際彈道飛彈／潛射彈道飛彈設計局與工廠

■莫斯科附近的洲際彈道飛彈設計局

以彈道飛彈來說，設計局和工廠擁有「一對一」的緊密關係。莫斯科及近郊共有3間設計局，接著就依序介紹給各位認識。

❶第1實驗設計局
Опытно-Конструкторское Бюро 1, ОКБ-1／Energia

開發了R-7和R-9彈道飛彈的設計局，後來改名為「柯羅列夫能源火箭航天集團」（Ракетно-космическая корпорация «Энергия» имени С. П. Королёва，英文為RSC Energia），至今仍是全球太空開發產業的領頭羊。Energia總公司位於莫斯科東北部的「柯羅列夫」，與偉大的「火箭之父」同名。負責製造的國家1號航空工廠是位處窩瓦河畔的薩馬拉（Samara），也就是今日的進步國家太空研究與生產中心（Ракетно-космический центр «Прогресс»）[地圖①]。

❷第1中央設計局
Центральное Конструкторское Бюро 1, ЦКБ-1／莫斯科熱工技術研究所

開發了RT-2系列固態燃料洲際彈道飛彈的設計局，後來改名為「莫斯科熱工技術研究所」（Московский институт теплотехники），目前包辦所有固態燃料洲際彈道飛彈與潛射彈道飛彈的開發案，是幾個設計局中最重要的單位。製造RT-2和RT-2P飛彈的第172工廠位於卡馬河畔的彼爾姆，也就是今日的Motovilikha兵工廠（Мотовилихинские заводы）[地圖⑧]。該工廠只生產兩種彈道飛彈，但製造非常大量的自走砲與多聯裝火箭炮，未來會透過本書的續篇跟各位做解說。另外，RT-2PM系列移動發射式洲際彈道飛彈是由位於沃特金斯克（Votkinsk）的第235工廠負責製造，也就是今日的沃特金斯克機械製造廠（Воткинскийзавод）[地圖②]。沃特金斯克機械製造廠是俄羅斯目前僅存的固態燃料洲際彈道飛彈工廠，同時也包辦了本書續篇將會提到的所有戰術飛彈生產任務。

❸第52實驗設計局
Опытно-Конструкторское Бюро 5, ОКБ-2／機械製造科研聯合體

開發了UR-100系列通用型洲際彈道飛彈的設計局，位於鄰近莫斯科東邊的列烏托夫（Reutov），後來改名為「機械製造科研聯合體」（Научно-производственное объединение машиностроения）。除了開發彈道飛彈，第3、4章提到的大型反艦巡弋飛彈研究也幾乎都是由此設計局一手包辦，搭配的生產單位為莫斯科第23工廠，也就是今日的赫魯雪夫太空中心（Государственный космический научно-производственный центр имени М. В. Хруничева）[地圖③]。

■莫斯科地區之外的洲際彈道飛彈設計局

❹第586實驗設計局
Опытно-Конструкторское Бюро 586, ОКБ-586／Yuzhnoye南方設計局

開發了R-16／R-36系列重型洲際彈

道飛彈、MR UR-100系列通用型洲際彈道飛彈，以及RT-23系列鐵路機動發射式洲際彈道飛彈的設計局，更是彈道飛彈開發霸主。地點位於第聶伯羅河畔的第聶伯羅彼得羅夫斯克（今聶伯城），後來改名為「南方設計局」（Конструкторское бюро «Южное»）。負責製造生產的是旁邊（同一廠區內）的第586工廠就是現在的Yuzhmash南方機械製造廠（Южмаш）[地圖④]，但前面也有提到，該處在蘇聯解體後成了烏克蘭領土，使得製造因此中斷。目前負責開發後繼型號RS-28飛彈的是「馬克耶夫火箭設計局」（舊名：第385設計局；СБ-385），製造工廠則為「克拉斯諾雅斯克機械製造廠」（舊名：第4工廠），相關介紹將於後面的潛射式彈道飛彈設計局詳加說明。閒聊一下，**Южное**和**Южмаш**名稱裡的「**юж**」是指「南方」，所以才會直譯成「南方設計局」以及「南方機械製造廠」。

❺第7實驗設計局
Опытно-Конструкторское Бюро 7, ОКБ-7／軍火庫設計局

開發了RT-2改良型飛彈RT-2P、蘇聯首枚潛射彈道飛彈R-31（第2章）的設計局，但之後未再涉足彈道飛彈，而是致力於太空開發，後來改名為「軍火庫設計局」（**Конструкторское бюро «Арсенал» имени М. В. Фрунзе**；英文為Arsenal Design Bureau）。設計局地點位於聖彼得堡。後來負責承接製造的單位是同名的「軍火庫機械製造廠」（**Машиностроительиый завод «Арсенал»**）[地圖⑤]。從歷史演變來看，軍火庫機械製造廠獨立出來的設計局就是軍火庫設計局。

■潛射式彈道飛彈設計局
第385特種設計局
Специальное Конструкторское Бюро 385, ОКБ-385／馬克耶夫火箭設計局

前面曾經提到，經手開發蘇聯首枚潛射式彈道飛彈的，是由「火箭之父」柯羅列夫所率領的第1實驗設計局。而負責該枚飛彈，也就是R-11FM製造的，是位於南烏拉爾——茲拉托烏斯特市近郊的第66工廠（今日的茲拉托烏斯特機械製造廠；**Златоустовский машиностроительный завод**）[地圖⑥]。該工廠從系列之首的R-11開始負責，也因為製作過R-11FM的關係，即便後來負責完全不同系列的飛彈，仍是負責潛射彈道飛彈的主要製造工廠。

第385特種設計局更為了第66工廠在茲拉托烏斯特市東邊30公里處的米阿斯市成立設計局，也就是現在的「馬克耶夫火箭設計局」（**Государственный ракетный центр имени академика В. П. Макеева**），名稱是用來紀念設計局長的維克多・馬克耶夫（Viktor Petrovich Makeyev）。馬克耶夫原本是在第1實驗設計局柯羅列夫底下工作，後來承接下掌管獨立設計局的任務。馬克耶夫接下設計局後的首項工作，是完成第1實驗設計局開發到一半的R-11FM改良型飛彈——R-13。這裡的發展過程其實跟第1章提到第586實驗設計局時的情節很像。

第385特種設計局在這之後便承包所有的液態燃料式潛射彈道飛彈開發。第1章提到的最新、最強RS-28液態燃料潛射彈道飛彈也是出自第385特種設計局之手。不過，馬克耶夫在R-29RM正式採用的前一年（1985年）過世，這也成了他經手的最後一款彈道飛彈。馬克耶夫死後，由伊戈爾・伊萬諾維奇

・韋利奇科（Igor Ivanovich Velichko）和弗拉基米爾・格里戈里耶維奇・德格提亞（Vladimir Grigoryevich Degtyar）相繼接任設計局長。

蘇聯開發首款真正的潛射彈道飛彈為R-27，但第66工廠無法承接下龐大產量，因此位於西伯利亞東西交界、葉尼塞河沿岸的第4工廠（今日的克拉斯諾雅爾斯克機械製造廠；Красноярский машиностроительныйзавод）［地圖⑦］也負責生產R-27飛彈。其後，液態燃料潛射彈道飛彈的製造皆由第4工廠與第66工廠負責。另外，前述的RS-28也是出自該廠。

除了第385特種設計局外，還有第7實驗設計局負責R-31的開發。不過，自從第1中央設計局和第235工廠的R-30固態燃料彈道飛彈獲得採用後，便一躍而昇成為各界關注的焦點。

彈道飛彈設計局與工廠

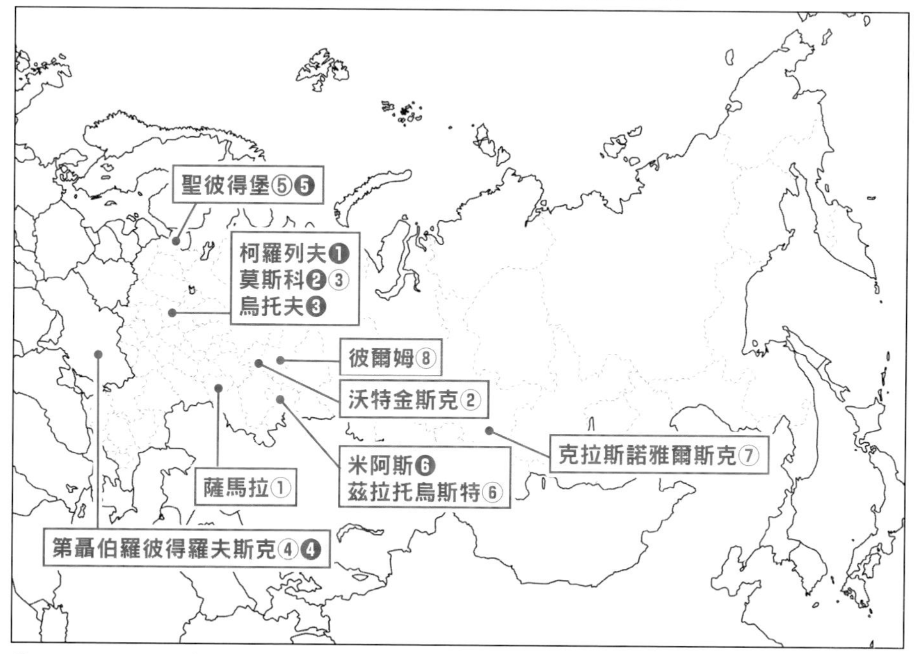

❶RSC Energia　❷莫斯科熱工技術研究所　❸機械製造科研聯合體　❹南方設計局
❺軍火庫設計局　❻馬克耶夫火箭設計局　①國家1號航空工廠　②沃特金斯克機械製造廠
③赫魯雪夫太空中心　④南方機械製造廠　⑤軍火庫機械製造廠
⑥茲拉托烏斯特機械製造廠　⑦克拉斯諾雅爾斯克機械製造廠　⑧Motovilikha兵工廠

潛艦設計局與造船廠

■充滿威脅的造艦數

本書最初已提到，蘇聯保有完勝美國的潛艦數。換句話說，就是蘇聯擁有壓倒性的造艦能力。下表為世界各造船廠的潛艦造艦排行榜。不只看蘇聯，而是以「世界」的角度來比較。說俄羅斯是造船大國各位可能不太有感，但看過表格後，應該就會驚呼俄羅斯造潛艦的能力了。接著就讓我們依序看看這些設計局和造船廠吧。

■設計局

❶第143特種設計局

Специальное Конструкторское Бюро 143, СКБ-143／孔雀石設計局

1948年設立於列寧格勒（今聖彼得堡），後來與第16中央設計局合併，改名為聖彼得堡海洋工程局「孔雀石」（Санкт-Петербургское морское бюро машиностроения «Малахит» имени академика Н. Н. Исанина；中文簡稱為孔雀石設計局）。設計的潛艦型號如下。

通用型潛艦：690型、627型、645型、671型、971型、885型、705型
巡弋飛彈潛艦：661型
彈道飛彈潛艦：629型

❷第18中央設計局

Центральное Конструкторское Бюро 18, ЦКБ-18／紅寶石設計局

於1926年設立於列寧格勒，為巴爾迪斯基扎沃德造船廠（後述）的設計部門。1938年獨立後名為18中央設計局，接著又改名為紅寶石海洋機械中央設計局（Центральное конструкторское бюро морской техники «Рубин»；中文簡稱為紅寶石設計局）。設計的潛艦型號如下。

通用型潛艦：611型、613型、615型、617型、641型、877型、636型、677型、685型
巡弋飛彈潛艦：651型、659型、675型、949型
彈道飛彈潛艦：658型、667型、941型、955型

世界各造船廠的潛艦造艦數（1946～2020）

造船廠	國家	核動力	非核動力	總計
北德文斯克造船廠	俄羅斯	135	34	169
格羅頓造船廠	美國	103	5	108
紐波特紐斯造船廠	美國	63	0	63
阿穆爾造船廠	俄羅斯	57	37	94
海軍部造船廠	俄羅斯	35	151	186
紅色索爾莫沃造船廠	俄羅斯	25	186	211

※依核潛艦的造艦數排列，其中包含出口國外的潛艦。
※海軍部造船廠的造艦數包含過去曾是另一所造船廠——蘇多梅造船廠（Sudomekh shipyard）製造的潛艦。

❸第112中央設計局

Центральное Конструкторское Бюро 112, ЦКБ-112／天青石設計局

於1953年設立於高爾基（今下諾夫哥羅德），原本為紅色索爾莫沃造船廠（後述）的設計局，後來改名為「天青石中央設計局」（Центральное конструкторское бюро «Лазурит»；中文簡稱為天青石設計局）。設計的潛艦型號如下。

通用型潛艦：633型、945型

巡弋飛彈潛艦：670型

■造船廠

①第402工廠

Завод No. 402／北德文斯克造船廠

第402造船工廠現在的正式名稱為Производственное объединение Северное машиностроительное предприятие（直譯為北方機械製造企業生產聯合體）。1939年成立，位於面向北極海的北德文斯克，為世界最大的潛艦造船廠，可同時建造14艘核潛艦。二次大戰後至今已竣工135艘核潛艦和37艘柴電潛艦。其中的彈道飛彈潛艦更只有北德文斯克造船廠有能力製造。縮寫的「Севмаш」意指「北方工廠」，與第1章介紹的「南方機械製造廠／Южмаш」相呼應。建造的潛艦型號如下。

通用型潛艦：611型、636型、627型、645型、705型、685型、971型、885型

巡弋飛彈潛艦：675型、661型、949型

彈道飛彈潛艦：629型、658型、667型、941型、955型

②第194工廠

Завод No. 194／海軍部造船廠

現在的正式名稱為Адмиралтейские верфи（海軍部造船廠），位於聖彼得堡。雖然是1704年創立，發展歷程完整的造船廠，期間仍經歷多次的分廠與整合。建造的潛艦型號如下（包含分廠後再度整合的造船廠所建造的船艦）。

通用型潛艦：611型、615型、617型、641型、877型、636型、677型、671型、705型

③第189工廠

Завод No. 189／巴爾迪斯基扎沃德造船廠

現在的正式名稱為Балтийский завод（波羅的造船廠），1856年創立，位於聖彼得堡的瓦西里島。建造的潛艦不多，卻是俄羅斯唯一能建造核動力水面戰艦的造船廠。建造的潛艦型號如下。

通用型潛艦：613型

巡弋飛彈潛艦：651型

④第112工廠

Завод No. 112／紅色索爾莫沃造船廠

工廠現在的正式名稱為Открытое акционерное общество «Завод "Красное Сормово"»（直譯為「開放型合股公司紅色索爾莫沃造船廠」），1849年創立，位於內陸的下諾夫哥羅德，因此完成的艦艇會經由窩瓦河運出海，是蘇聯／俄羅斯目前為止生產潛艦數最多的造船廠，打造鈦合金船身的技術更是世界唯一。其他造船廠出品的鈦合金潛艦艦體都還是必須由紅色索爾莫沃造船廠製造。建造的潛艦型號如下。

通用型潛艦：613型、633型、641型、671型、945型、877型

巡弋飛彈潛艦：651型、670型

⑤第 444 工廠

Завод No. 444／黑海造船廠

現在的正式名稱為Смарт Мэритайм Груп — Николаевская верфь（直譯為「Smart Maritime Group尼古拉耶夫造船廠」），1897年創立，過去又被稱為Черноморский судостроительный завод（直譯為「黑海造船工廠」），位於烏克蘭尼古拉耶夫。是蘇聯時代唯一能夠建造航空巡洋艦（也就是航母）的造船廠。擅長建造水面艦艇，此廠出品的潛艦僅613型通用潛艦。

⑥第 199 工廠

Завод No. 199／阿穆爾造船廠

工廠現在的正式名稱為Амурский судостроительный завод（阿穆爾造船廠），1936年創立。此造船廠如其名，位於阿穆爾河畔的共青城（Komsomolsk-on-Amur），完成的艦艇會經由阿穆爾河運至鄂霍次克海。阿穆爾造船廠雖然位處極東的偏僻地帶，但負責供應艦艇給太平洋艦隊，因此造艦數相當可觀。過去也曾建造過彈道飛彈潛艦（目前已無）。建造的潛艦型號如下（見下頁）。

潛艦設計局與造船廠

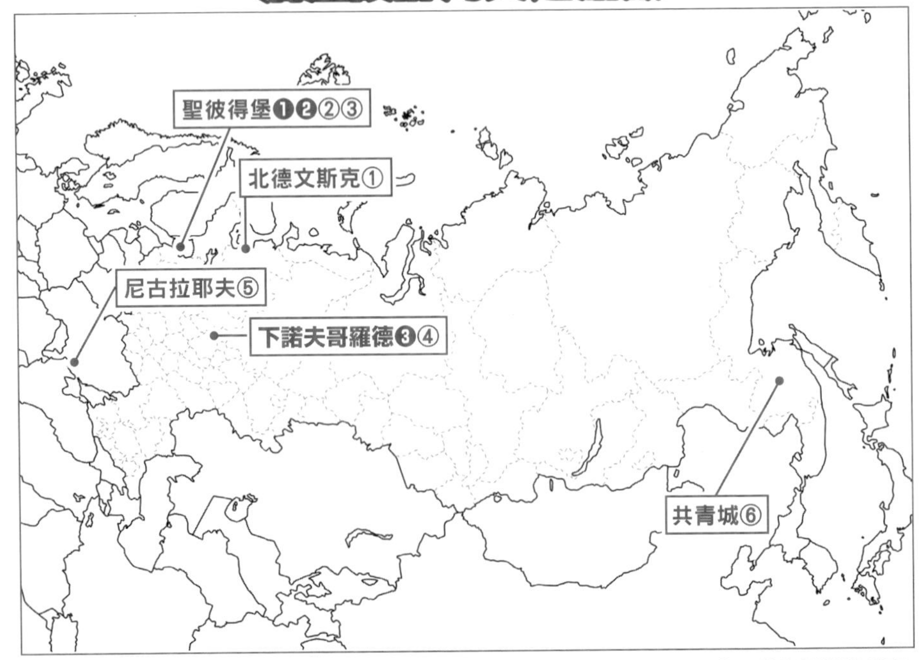

❶孔雀石設計局　❷紅寶石設計局　❸天青石設計局　①北德文斯克造船廠　②海軍部造船廠　③巴爾迪斯基扎沃德造船廠　④紅色索爾莫沃造船廠　⑤黑海造船廠　⑥阿穆爾造船廠

通用型潛艦：613型、690型、877型、671型、971型
巡弋飛彈潛艦：659型、675型
彈道飛彈潛艦：629型、667型

以上為蘇俄的主要造船廠。除此之外，其實還有非常多雖然無法從零造艦，卻能承接修理或改造工程的造船廠。

水面戰艦設計局與造船廠

■設計局

下述的設計局，皆位於擁有「海軍之城」稱號的聖彼得堡。

❶第17中央設計局
Центральное Конструкторское Бюво 17, ЦКБ-17／涅夫斯基設計局

1931年成立，後來改名為「Невское проектно-конструкторское бюро」（涅夫斯基工程設計局），蘇俄所有的反潛巡洋艦和航空巡洋艦設計皆出自涅夫斯基設計局之手，另外也曾參與登陸艇的設計。

❷第53中央設計局
Центральное Конструкторское Бюво 53, ЦКБ-53／北方設計局

原本是第17中央設計局旗下部門，於1946年獨立為新單位，後來改名為「Северное проектно-конструкторское бюро」（北方設計局）。總共設計了多達600艘的船艦，其中包含450艘軍艦。水面戰艦部分則包辦了所有的巡洋艦、大型反潛艦、艦隊魚雷艇，以及1135型警備艦、22350型巡防艦等，設計項目以大型艦艇為主。

❸第5專業設計局
Специализированное Конструкторское Бюво 5, СКБ-5／阿馬茲設計局

1949年設立，專攻魚雷艇的設計局。改名「第5中央設計局」後，接著又改名稱為「Центральное морское конструкторское бюро «Алмаз»」（阿爾瑪茲中央海事設計局）。負責20380型警備艦、小型飛彈艦、飛彈快艇、巡邏艇、掃雷艇、氣墊登陸艇等船艦設計。

❹第32中央設計局
Центральное Конструкторское Бюво 32, ЦКБ-32／Baltsudoproekt

設計局於1925年設立，後來改名「Центральное Конструкторское Бюво «Балтсудопроект»」（直譯為中央設計局「Baltsudoproekt」[波羅的船舶計畫]）。書中介紹到的艦艇中，此設計局雖然只負責40型警備艦，卻設計了非常多貨船及客船。

■造船廠

①第189工廠
Завод No. 189／巴爾迪斯基扎沃德造船廠

現在的正式名稱為「波羅的造船廠」（Балтийский завод），1856年創立，位於聖彼得堡的瓦西里島。是俄羅斯唯一能建造核動力水面戰艦的造船廠。曾建造1144型重型核動力飛彈巡洋艦。建造破冰船的技術更是非凡，全俄羅斯只有此處能建造核動力破冰船。

②第190工廠
Завод No. 190／北方造船廠

工廠是於1912年成立，現在名稱為「Судостроительный завод «Северная верфь»」（直譯為「Severnaya Verf造船廠」，中文一般稱北方造船廠）。位於距離聖彼得堡市區西南方數公里處。建造的艦艇型號如下。

巡洋艦：58型、1134型
大型反潛艦：61型、1134A型、1155型
艦隊魚雷艇：41型、56型、57bis型、956型
警備艦：1135型、20380型、20385型
巡防艦：22350型

③第820工廠
Завод No. 820／揚塔爾造船廠

工廠是於1945年成立，現在的名稱為「Прибалтийский судостроительный завод «Янтарь»」（直譯為「波羅的海造船廠『揚塔爾』」），「揚塔爾」在俄文是指琥珀。全世界的琥珀幾乎都產自造船廠所在地的加里寧格勒。建造的艦艇型號如下。

大型反潛艦：1155型
警備艦：42型、50型、159型、35型、1135型、11540型

④第444工廠
Завод No. 444／黑海造船廠

1897年創立，現在的名稱為「Смарт Мэритаий Груп — Николаевская верфь」（直譯為「Smart Maritime Group尼古拉耶夫造船廠」），過去又被稱為Черноморский судостроительный завод（直譯為「黑海造船工廠」），位於烏克蘭尼古拉耶夫。是蘇聯時代唯一能夠建造航空巡洋艦的造船廠。1123型反潛巡洋艦和1143型航空巡洋艦系列便是出自該造船廠。

⑤第445工廠
Завод No. 445／尼古拉耶夫造船廠

工廠現在的名稱為「Николаевский судостроительный завод」（直譯為「尼古拉耶夫造船廠」），距離黑海造船廠大約有3～4公里遠，然而此廠創建於1788年，年代相對久遠。建造的艦艇型號如下。

巡洋艦：1164型
大型反潛艦：61型、1134B型
艦隊魚雷艇：56型、57bis型
警備艦：50型

⑥第199工廠
Завод No. 199／阿穆爾造船廠

詳細介紹請參照第3章。建造的艦艇型號如下。

艦隊魚雷艇：56型、57bis型
警備艦：50型、20380型、20385型
小型飛彈艦：22800型

⑦第340工廠
Завод No. 340／澤列諾多爾斯克造船廠

現在的名稱為「Зеленодольский завод имени А. М. Горького」（直譯為澤列諾多爾斯克高爾基造船廠）。1895年創立，但起初僅負責修理船舶，位於喀山正西方40公里處的窩瓦河畔。廠內的設計部門能設計艦艇，建造強項為小型艦艇。建造的艦艇型號如下。

警備艦：159型、1159型、11661型
小型飛彈艦：1239型、21631型
小型反潛艦：6款共356艘

⑧第532工廠
Завод No. 532／扎利夫造船廠

工廠是於1938年創立，現在的名稱為「Судостроительный завод «Залив»」（直譯為「扎利夫造船廠」）。廠址位於克里米亞半島東邊的克赤，同時也是能建造油輪等大型船隻的造船廠，負責的軍艦則為小型艦。建造的艦艇型號如下。

警備艦：1135型
小型飛彈艦：22800型
小型反潛艦：2款共120艘

⑨第876工廠
Завод No. 876／哈巴羅夫斯克造船廠

工廠是於1953年創立，現在的名稱為「Хабаровский судостроительный завод」（直譯為「哈巴羅夫斯克造船廠」），位於東部軍管區司令部所在地的哈巴羅夫斯克。負責建造及修理小型船舶。建造的水面艦艇型號如下。

警備艦：159型
飛彈快艇：1款共26艘
小型反潛艦：4款總計超過72艘

⑩第602工廠
Завод No. 602／東方造船廠

工廠是於1952年創立，現在的名稱為「Восточная верфь」（直譯為「Vostochnaya Verf」、「東方造船廠」），承包小型艦艇建造任務。位於海參崴。建造的水面艦艇型號如下。

小型飛彈艦：1234型
飛彈快艇：2款共65艘
小型反潛艦：1款9艘

⑪第5工廠
Завод No. 5／阿爾瑪茲造船廠

工廠是於1933年創立，現在的名稱為「Судостроительная фирма «АЛМАЗ»」（阿爾瑪茲造船廠）。位於聖彼得堡的瓦西里島。由於造船廠沒有船塢，因此只能建造小型艦艇。建造的艦艇型號如下。

小型飛彈艦：1234型
飛彈快艇：3款124艘

⑫第341工廠
Завод No. 341／信號旗造船廠

工廠是於1930年創立，現在的名稱為「Судостроительный завод «Вымпел»」（信號旗造船廠），位於窩瓦河上游大型人造湖──雷賓斯克湖畔的雷賓斯克。此廠自成立以來便開始建造魚雷艇等小型艦艇。建造有2款總計176艘的飛彈快艇。

⑬佩拉造船廠

工廠是於1950年創立，正式名稱為「Ленинградский судостроительный завод «Пелла»」（直譯為列寧格勒造船廠「佩拉」），位於從聖彼得堡沿涅瓦河溯流而上的奧特拉德諾耶。此廠建造強項為小型船及艇類，如22800型小型飛彈快艇。

⑭普里莫爾斯基造船廠

於1957年創立，正式名稱為「Порт Восточные Ворота — Приморский завод」（直譯為「港口東門普里莫爾斯克造船廠」），位於海參崴東南方90公里的納霍德卡，建造有1234型、1240型小型飛彈快艇。

其他像是伏爾加格勒（Volgograd）、基輔、More、雅羅斯拉夫（Yaroslav）等只能建造小型反潛艦等級以下艦艇的造船廠則予以省略。

水面戰艦設計局與造船廠

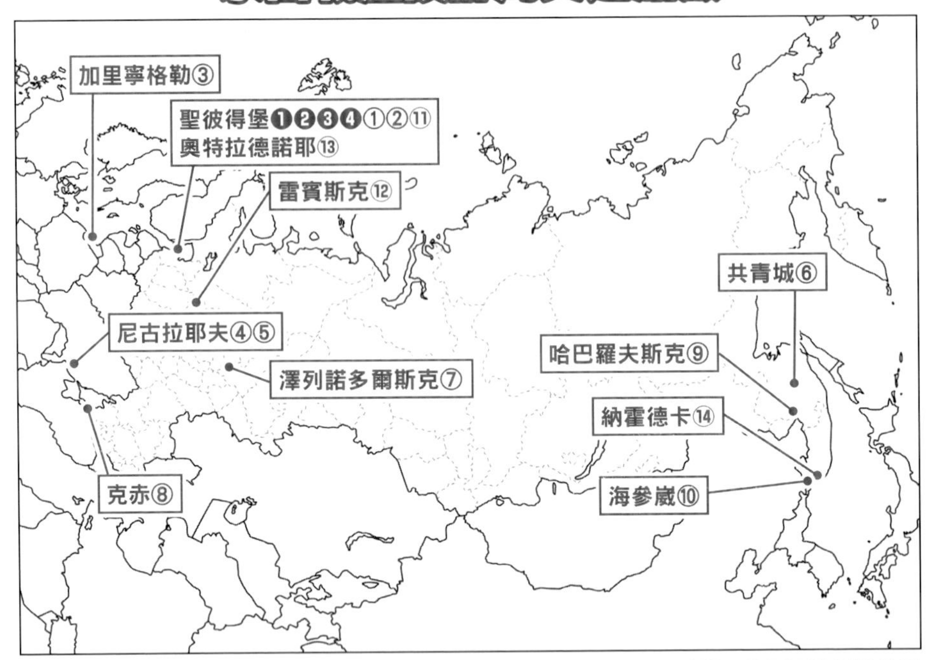

❶涅夫斯基設計局　❷北方設計局　❸阿馬茲設計局　❹波羅的船舶計畫　①巴爾迪斯基扎沃德造船廠　②北方造船廠　③揚塔爾造船廠　④黑海造船廠　⑤尼古拉耶夫造船廠　⑥阿穆爾造船廠　⑦澤列諾多爾斯克造船廠　⑧扎利夫造船廠　⑨哈巴羅夫斯克造船廠　⑩東方造船廠　⑪阿爾瑪茲造船廠　⑫信號旗造船廠　⑬佩拉造船廠　⑭普里莫爾斯基造船廠

艦載飛彈設計局與工廠

艦對艦與艦對地飛彈

彈翼火箭（巡弋飛彈）中的反艦飛彈是由第52實驗設計局和第47工廠設計製造，對地飛彈則是由第8實驗設計局設計。

❶第52實驗設計局

Опытно - Конструкторское Бюро 52, ОКБ-52／機械製造科研聯合體

位於鄰近莫斯科東邊的列烏托夫，承包所有反艦巡弋飛彈的設計業務（第1章也有提到，此設計局還負責UR-100系列通用型洲際彈道飛彈），前面也有提到最後改名為機械製造科研聯合體。

負責製造巡弋飛彈的工廠是位於奧倫堡的第47工廠（奧倫堡機械製造廠，Оренбургским машиностроительным заводом «STRELA»），原本的第47工廠現在的名稱為Производственное объединение«Стрела»（直譯為PRODUCTION ASSOCIATION «STRELA»）[地圖①]。

❷第8實驗設計局

Опытно - Конструкторское Бюро 8, ОКБ-8／革新家設計局

位於葉卡捷琳堡，包辦所有對地巡弋飛彈的設計。原本負責設計高射砲，後來轉接地對空飛彈業務，從3M10石榴石飛彈開始涉及對地巡弋飛彈的設計，同時也有承接巡弋飛彈的製造。

除此之外，航空武器類的設計局也負責部分巡弋飛彈的開發。

❸第155-1實驗設計局

Опытно - Конструкторское Бюро 155-1, ОКБ-155-1／彩虹設計局

位於莫斯科州北邊的杜布納，原本隸屬開發戰鬥機非常有名的米高揚-古列維奇設計局（OKB-155）旗下，其後獨立。現在的正式名稱為Государственное машиностроительное конструкторское бюро «Радуга» имен А. Я. Березняка（直譯為「國立彩虹機械製造設計局」），設計有多款航武，艦艇用巡弋飛彈則是只有經手P-270蚊子飛彈。

P-270蚊子飛彈的製造則由第116工廠承接，也就是現在的Арсеньевская Авиационная Компания «ПРОГРЕСС» имен Н. И. Сазыкина（英文直譯為「AKK Progress factory in Arsenyev」）[地圖②]。

❹第455實驗設計局

Опытно - Конструкторское Бюро 455, ОКБ-455／星星設計局

位於莫斯科近郊的柯羅列夫。現在正式名稱為ОКБ «Звезда»（直譯為星星設計局），此單位和彩虹設計局一樣，承接大量航空武器的設計業務，不過艦艇用巡弋飛彈只有經手3M24飛彈。

3M24飛彈由第455工廠負責製造[地圖③]，該工廠後來改名為加里寧格勒機械製造廠「STRELA」（不同於前面提到的第47工廠），目前連同星星設計局，皆併入Корпорация «Тактическое ракетное вооружение»（俄羅斯戰術飛彈武器集團公司）旗下。

■艦對潛飛彈

反潛巡洋艦和航空巡洋艦用的RPK-1旋風飛彈由第1中央設計局（第1章）負責，URPK-3/-4/-5大型反潛飛彈和RPK-2/-6/-7潛艇／魚雷管飛彈則分別由第155-1實驗設計局（❸）和第8實驗設計局（❷）開發。

■艦對空飛彈

❺第10科學技術研究所

Научно - исследовательский институт No. 10／牛郎星研究所（設計局）

研究所於1933年創立，現在名稱為Морскойнаучно-исследовательский институт радиоэлектроники «Альтаир»（直譯為「牛郎星海洋無線電電子學研究所」），地點位於莫斯科，包辦所有艦對空飛彈系統的開發，另也負責艦艇用雷達設計。

艦載飛彈設計局與造船廠

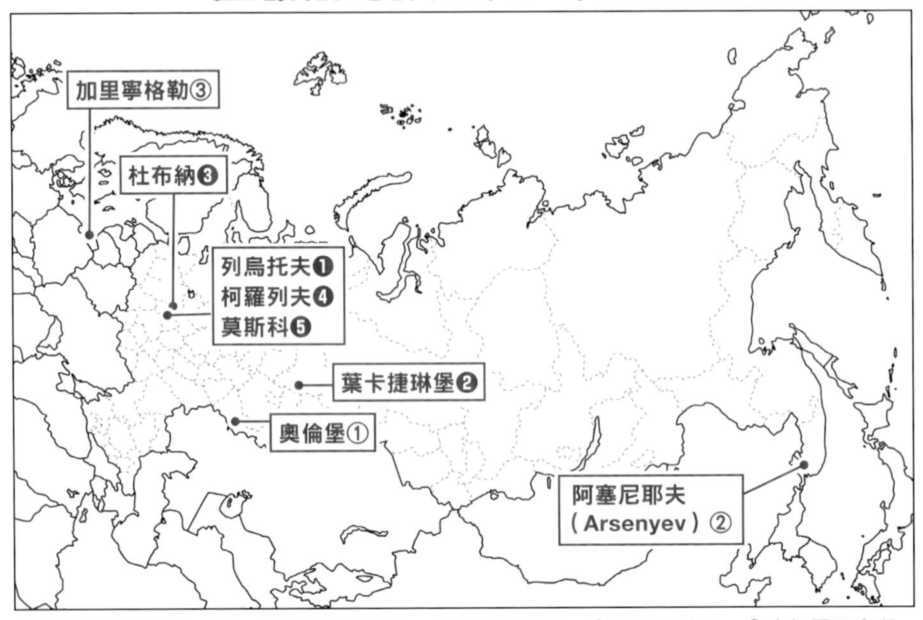

❶機械製造科研聯合體　❷革新家設計局　❸彩虹設計局　❹星星設計局　❺牛郎星研究所
①STRELA（第47工廠）　②Progress factory　③STRELA（第455工廠）

書中武器規格一覽

■洲際彈道飛彈

型號	國際條約代號	設計單位	製造單位	節數	全長[m]	直徑[m]	重量[t]	射程[km]	搭載彈頭
液態燃料式									
R-7		OKB-1	No.1	3	34.2	10.3	265.8	8,000	3,000 kt × 1
R-9A		OKB-1	No.1	2	24.3	2.7	80.4	12,500	2,300 kt × 1
R-16		OKB-586	No.586	2	34.3	3.0	140.6	11,000	5,000 kt × 1
R-36		OKB-586	No.586	2	32.2	3.0	183.9	10,200	10,000 kt × 1
								15,200	5,000 kt × 1
								15,200	8,000 kt × 1
								10,200	20,000 kt × 1
R-36orb		OKB-586	No.586	2	32.7	3.0	181.3	繞行軌道	2,300 kt × 1
R-36P		OKB-586	No.586	2	32.2	3.0	183.5	10,200	2,300 kt × 3
R-36M	RS-20A	OKB-586	No.586	2	33.7	3.0	209.2	11,200	20,000 kt × 1
							208.3	16,000	8,000 kt × 1
							210.4	10,500	400 kt × 8
R-36M UTTKh	RS-20B	OKB-586	No.586	2	34.3	3.0	211.1	11,000	500 kt × 10
R-36M2	RS-20V	OKB-586	No.586	2	34.3	3.0	211.4	11,000	20,000 kt × 1
								11,000	750 kt × 10
								16,000	8,000 kt × 1
								11,000	750 kt × 6 + 150 kt × 4
	RS-28	SKB-385	No.4	2	35.3	3.0	208.1	18,000	
UR-100	RS-10	OKB-52	No.23	2	16.9	2.0	42.3	10,600	1,100 kt × 1
UR-100K	RS-10	OKB-52	No.23	2	18.9	2.0	50.1	10,600	1,300 kt × 1
UR-100U	RS-10M	OKB-52	No.23	2	19.1	2.0	50.1	10,600	350 kt × 3
UR-100H	RS-18A	OKB-52	No.23	2	24.0	2.5	103.4	9,650	400 kt × 6
UR-100H UTTKh	RS-18B	OKB-52	No.23	2	24.3	2.5	105.6	10,000	550 kt × 6
MR UR-100	RS-16A	OKB-586	No.586	2	22.5	2.3	71.2	10,320	5,300 kt × 1
MR UR-100 UTTKh	RS-16B	OKB-586	No.586	2	22.2	2.3	71.1	10,200	550 kt × 4
固態燃料式									
RT-2	RS-12	OKB-1 TsKB-1	No.172	3	21.3	1.8	51.0	9,600	600 kt × 1
RT-2P	RS-12	TsKB-7	No.172	3	21.3	1.8	51.9	10,200	750 kt × 1
RT-2PM	RS-12M	TsKB-1	No.235	3	21.5	1.8	45.1	10,500	550 kt × 1
RT-2PM2	RS-12M2	TsKB-1	No.235	3	22.7	1.9	47.2	11,000	1,000 kt × 1
	RS-24	TsKB-1	No.235	3	22.6	1.9	47.2	12,000	300 kt × 4
RT-23UTTKh	RS-22A/B	OKB-586	No.586	3	23.3	2.4	104.5	10,100	430 kt × 10

潛射式彈道飛彈

型號	國際條約代號	系統名稱	設計單位	製造單位	節數	全長[m]	直徑[m]	重量[t]	射程[km]	搭載彈頭
液態燃料式										
R-11FM		D-1	OKB-1	No.66	1	10.4	0.9	5.5	150	10 kt × 1
R-13		D-2	OKB-1 SKB-385	No.66	1	11.8	1.3	13.7	600	1,000 kt × 1
R-21		D-4	SKB-385	No.66	1	12.9	1.4	16.6	1,400	1,000 kt × 1
R-27	RSM-25	D-5	SKB-385	No.66 No.4	1	9.7	1.5	14.2	2,400	1,000 kt × 1
R-27U	RSM-25	D-5U	SKB-385	No.66 No.4	1	9.7	1.5	14.2	3,000	200 kt × 3
R-29	RSM-40	D-9	SKB-385	No.66 No.4	2	13.0	1.8	33.3	7,800	1,000 kt × 1
R-29D	RSM-40	D-9D	SKB-385	No.66 No.4	2	13.0	1.8	33.3	9,000	1,000 kt × 1
R-29R	RSM-50	D-9R	SKB-385	No.66 No.4	2	14.1	1.8	35.3	6,500	200 kt × 3
R-29RD	RSM-50	D-9RD	SKB-385	No.66 No.4	2	14.1	1.8	35.3	8,000	450 kt × 1
R-29RK	RSM-50	D-9RK	SKB-385	No.66 No.4	2	14.1	1.8	35.3	6,500	100 kt × 7
R-29RM	RSM-54	D-9RM	SKB-385	No.66 No.4	2	14.8	1.9	40.3	8,300	200 kt × 4
R-29RMU2	RSM-54	D-9RMU2	SKB-385	No.4	2	14.8	1.9	40.3	11,500	500 kt × 4
R-29RMU2.1	RSM-54	D-9RMU2.1	SKB-385	No.4	2	14.8	1.9	40.3	11,500	500 kt × 4
固態燃料式										
R-31	RSM-45	D-11	TsKB-7	No.7	2	11.1	1.5	26.9	3,900	500 kt × 1
R-39	RSM-52	D-19	SKB-385	No.66	3	16.0	2.4	84.0	8,300	100 kt × 10
R-30	RSM-56	D-30	TsKB-1	No.235	3	11.5	2.0	36.8	8,000	150 kt × 6

彈道飛彈潛艦

計畫編號	設計單位	建造單位	服役艘數	水下排水量[t]	速率、節[kt]	實潛深度[m]	彈道飛彈型號	搭載飛彈數
柴電推進式								
V611	TsKB-16	No.402	1	2,387	13.0		R-11FM	2
AV611	TsKB-16	No.202	(1)	2,415	12.5		R-11FM	2
		No.402	4					
629	TsKB-16	No.402	15	2,820	12.5		R-13	3
		No.199	7					
629A	TsKB-16	No.893	(8)	3,553	12.2		R-21	3
		No.202	(6)					
629B	TsKB-16	No.402	1		12.2		R-21	2
核動力渦輪推進式								
658	TsKB-18	No.402	8	5,345	26.0	320	R-13	3
658M	TsKB-18	No.402	(1)	5,345	26.0	320	R-21	3
		No.893	(5)					
		No.892	(1)					
701	TsKB-16	No.402	(1)		23.3	320	R-29	6
667A	TsKB-18	No.402	22	9,600	27.0	320	R-27	16
		No.199	6					
667AU	TsKB-18	No.402	2	9,600	27.0	320	R-27U	16
		No.199	4					
		No.893	(5)					
			(1)					
		No.49	(1)					
667AM	TsKB-18	No.893	(1)	10,000	27.0	320	R-31	12
667B	TsKB-18	No.402	10	13,720	25.0	320	R-29	12
		No.199	8					
667BD	TsKB-18	No.402	4	15,750	25.0	320	R-29D	16
667BDR	TsKB-18	No.402	14	15,950	24.0	320	R-29R	16
667BDRM	TsKB-18	No.402	7	18,200	24.0	320	R-29RM	16
941	TsKB-18	No.402	6	48,000	25.0	520	R-39	20
941UM	TsKB-18	No.402	(1)	48,000	25.0	520	R-30	20
955	TsKB-18	No.402	3	24,000	29.0	380	R-30	16
955A	TsKB-18	No.402	2+	24,000	29.0	380	R-30	16

※（ ）是以既有艦改造。+代表目前仍造艦中。

通用型潛艦

計畫編號	設計單位	建造單位	服役艘數	水下排水量[t]	速率、節[kt]	實潛深度[m]	魚雷管		
							650mm	533mm	400mm
柴電推進式									
611	TsKB-18	No.196	8	2,300	16.0	200		10	
		No.402	13						
613	TsKB-18	No.189	16	1,350	13.1	170		6	
		No.444	71						
		No.112	116						
		No.199	11						
613M	TsKB-18	No.444	1	1,350	13.1	170		6	
615	TsKB-18	No.196	30	504	15.0	100		4	
617	TsKB-18	No.196	1	1,500	20.0	170		6	
641	TsKB-18	No.196	62	2,550	16.0	250		10	
		No.194	13						
641B	TsKB-18	No.112	18	3,900	15.0	240		6	
633	TsKB-112	No.112	20	1,712	13.2	270		8	
690	SKB-143	No.199	4	2,480	18.0	270		1	1
877	TsKB-18	No.112	7	3,040	17.0	240		6	
		No.199	15						
877EKM	TsKB-18	No.112	1	3,040	17.0	240		6	
877V	TsKB-18	No.112	1	3,950	18.0	240		6	
636(06363)	TsKB-18	No.194	8+	3,100	19.8	240		6	
677	TsKB-18	No.194	1+	2,650	20.0	240		6	
核動力渦輪推進式									
627A	SKB-143	No.402	13	4,750	30.0	320		8	
645	SKB-143	No.402	1	4,370	30.2	320		8	
659T	TsKB-18	No.892	(5)	4,820	24.0			4	4
671	SKB-143	No.194	10	4,870	32.0	320		6	
671V	SKB-143	No.194	3	4,870	32.0	320		6	
671M	SKB-143	No.194	2	4,870	32.0	320		6	
671K	SKB-143		(1)	4,870	32.0	320		6	
671RT	SKB-143	No.194	3	5,670	31.0	320	2	4	
		No.112	4						
671RTM	SKB-143	No.194	7	7,250	30.0	320	2	4	
		No.199	13						
671RTMK	SKB-143	No.194	6	7,250	30.0	320	2	4	
		No.893	(1)						
			(1)						
705	SKB-143	No.194	4	3,150	41.0	320		6	
705K	SKB-143	No.402	3	3,125	41.0	320		6	
685	TsKB-18	No.402	1	8,500	30.0	1,000		6	
945	TsKB-112	No.112	2	9,800	33.0	480	4	4	
945A	TsKB-112	No.112	2	10,400	32.0	480		6	
971	SKB-143	No.402	7	12,800	33.0	520	4	6	
		No.199	8						
885	SKB-143	No.402	1	13,800	31.0	520		10	
885M	SKB-143	No.402	1+	13,800	31.0	520		10	

※（　）是以既有艦改造。＋代表目前仍造艦中。　※僅列入蘇俄內需之造艦數（未包含出口艦）。

■巡弋飛彈潛艦

計畫編號	設計單位	建造單位	服役艘數	水下排水量 [t]	速率、節 [kt]	實潛深度 [m]	巡弋飛彈型號	搭載飛彈數	魚雷管 650mm	魚雷管 533mm	魚雷管 400mm
柴電推進式											
644	TsKB-18	No.112	(6)	1,430	11.5		P-5	2		4	
665	TsKB-112	No.112	(2)	1,660	11.0		P-5	4		4	
		No.189	(4)								
651	TsKB-18	No.189	2	3,750	14.5	240	P-6	4		6	4
		No.112	14								
核動力渦輪推進式											
659	TsKB-18	No.199	5	4,920	23.0	300	P-5	6		4	4
675	TsKB-18	No.402	16	5,760	23.0	300	P-6	8		4	2
		No.199	13								
675K	TsKB-18	No.893	(2)	5,760	23.0	300	P-6	8		4	2
		No.892	(1)								
675MK	TsKB-18	No.893	(2)	6,360	23.0	300	P-500	8		4	2
		No.892	(7)								
675MU	TsKB-18	No.402	(1)	6,360	32.0	320	P-500	8		4	2
675MKV	TsKB-18	No.893	(2)	6,810	32.0	320	P-1000	8		4	2
		No.892	(2)								
667AT	TsKB-18	No.402	(3)	9,684	27.0	320	3M10	32		6	
670	TsKB-112	No.112	11	4,980	26.0	240	P-70	8		4	
670M	TsKB-112	No.112	6	5,500	24.0	240	P-120	8		4	
06704	TsKB-112	No.10	(1)	5,500	24.0	240	P-800	8		4	
661	SKB-143	No.402	1	8,770	42.0	320	P-70	10		4	
949	TsKB-18	No.402	2	22,500	32.0	520	P-700	24	2	4	
949A	TsKB-18	No.402	11	24,000	32.0	520	P-700	24	2	4	

■彈翼火箭(巡弋飛彈)

型號	設計單位	製造單位	全長 [mm]	直徑 [mm]	射程 [km]	速度 [m/s]	引擎	核彈頭 [kT]	一般彈頭 [kg]
反艦用									
P-6	OKB-52	No.126	10,200	900	350	420	渦輪噴射	20	930
P-35	OKB-52	No.126	9,800	860	270	500	渦輪噴射	20	500
P-500	OKB-52	No.47	11,700	880	550	750	渦輪噴射	350	1,000
P-1000	OKB-52	No.47	11,700	880	1,000	750	渦輪噴射	350	500
P-700	OKB-52	No.47	8,840	1,140	700	800	渦輪噴射	500	750
P-800	OKB-52	No.47	8,000	670	600	750	衝壓式		250
P-70	OKB-52	No.126	7,000	550	80	310	固態燃料火箭	200	500
P-120	OKB-52	No.47	8,840	800	150	310	渦輪噴射	200	800
P-270	OKB-155-1	No.116	9,385	760	90	780	衝壓式		300
P-1	OKB-52	No.256	7,600	900	40	260	液態燃料火箭		320
P-15	OKB-52	No.256	6,425	760	40	312	渦輪噴射		480
P-15M	OKB-52	No.256	6,665	760	80	320	渦輪噴射	15	513
3M24	OKB-455	NO.455	4,400	420	130	270	渦輪噴射		145
3M54	OKB-8	OKB-8	8,220	533	220	700	渦輪噴射		200
對地用									
P-5	OKB-52	No.126	11,850	1,000	350	345	渦輪噴射	200	870
3M10	OKB-8	OKB-8	8,090	510	2,500	240	渦輪噴射	200	
3M14	OKB-8	OKB-8	8,220	533	2,500	270	渦輪噴射		500

■飛彈巡洋艦

計畫編號	設計單位	建造單位	服役艘數	滿載排水量[t]	速率、節[kt]	巡弋飛彈型號	防空系統	魚雷533mm	配置飛機數
58	TsKB-53	No.190	4	5,570	34.5	P-35	M-1	6	Ka-25 × 1
1134	TsKB-53	No.190	4	7,125	34.3	P-35	M-1	10	Ka-25 × 2
1164	TsKB-53	No.445	3	11,490	32.5	P-500	S-300F	10	Ka-25 × 1
						P-1000	4K33		
1144	TsKB-53	No.189	1	25,860	32.0	P-700	S-300F	10	Ka-27 × 3
							4K33		
11442	TsKB-53	No.189	3	26,396	32.0	P-700	S-300F	10	Ka-27 × 3
							S-300FM		
							3K95		

■大型反潛艦

計畫編號	設計單位	建造單位	服役艘數	滿載排水量[t]	速率、節[kt]	防空系統	反潛飛彈型號	魚雷533mm	配置飛機數
61	TsKB-53	No.445	15	4,510	35.0	M-1		5	Ka-25 × 1
		No.190	5						
1134A	TsKB-53	No.190	10	7,670	33.0	M-11	URPK-3	10	Ka-25 × 1
							URK-5		
1134B	TsKB-53	No.445	7	8,990	33.0	M-11	URPK-3	10	Ka-25 × 1
						4K33	URK-5		
1155	TsKB-53	No.190	4	7,620	30.0	3K95	URK-5	8	Ka-27 × 2
		No.820	8						
11551	TsKB-53	No.820	1	8,320	32.0	3K95	RPK-6	8	Ka-27 × 2

■艦隊魚雷艇

計畫編號	設計單位	建造單位	服役艘數	滿載排水量[t]	速率、節[kt]	巡弋飛彈型號	防空系統	魚雷533mm	配置飛機數
41	TsKB-53	No.190	1	3,830	33.6			10	
56	TsKB-53	No.190	12	3,230	38.5			10	
		No.445	8						
		No.199	7						
56K	TsKB-53	No.201	(1)	3,447	35.5		M-1	5	
56A	TsKB-53	No.445	(8)	3,620			M-1	5	
56EM	TsKB-53	No.445	1	3,390	37.0	P-1		4	
56M	TsKB-53	No.190	1	3,315	39.0	P-1		4	
		No.445	1						
		No.199	1						
56U	TsKB-53	No.445	(3)	3,447	35.0	P-15	M-1	4	
57bis	TsKB-53	No.445	3	4,192	38.5	P-1		6	Ka-15 × 1
		No.190	4						
		No.199	2						
57A	TsKB-53	No.190	(4)	4,500	32.0		M-1	10	Ka-25 × 1
		No.445	(1)						
		No.202	(3)						
956	TsKB-53	No.190	17	7,904	33.4	P-270	M-22	4	Ka-27 × 2

※（ ）是以既有艦改造。 ※僅列入蘇俄內需之造艦數（未包含出口艦）。

■警備艦／巡防艦

計畫編號	設計單位	建造單位	服役艘數	滿載排水量［t］	速率、節［kt］	巡弋飛彈型號	防空系統	反潛飛彈型號	魚雷 533mm	魚雷 400mm	魚雷 324mm	配置飛機數
42	TsKB-32	No.820	8	1,679	29.6				3			
50	TsKB-820	No.445	20	1,337	29.5				3			
		No.820	41									
		No.199	7									
159	TsKB-340	No.820	11	1,050	32.0					5		
		No.340	1									
		No.876	7									
159A	TsKB-340	No.820	13	1,110	32.0					10		
		No.876	10									
159AE	TsKB-340	No.820	3	1,140	29.0				3			
		No.876	11									
35	TsKB-340	No.820	18	1,132	34.0					10		
11661K	TsKB-340	No.340	1	1,930	28.0	3M24	4K33					
		No.340	1	1,805	29.0	3M14		91R1				
						3M54		91RT2				
1135	TsKB-53	No.820	8	3,190	32.0		4K33	URPK-4	8			Ka-27 × 1
		No.532	7									
		No.190	6									
1135M	TsKB-53	No.820	11	3,305	32.0		4K33	URPK-4	8			Ka-27 × 1
11356	TsKB-53	No.820	3	4,035	30.0	3M14	3S90M	91R1	4			Ka-27 × 1
						3M54		91RT2				
11540	TsKB-340	No.820	2	4,450	30.0	3M24	3K95	RPK-6	6			Ka-27 × 1
20380	SKB-5	No.190	4+	2,250	27.0	3M24	9K96				8	Ka-27 × 1
		No.199	2+									
20385	SKB-5	No.190	1+	2,300	27.0	3M14	9K96	91R1			8	Ka-27 × 1
						3M54						
		No.199	0+			P-800		91RT2				
						3M22						
22350	TsKB-53	No.190	2+	5,400	29.5	3M14	9K96	91R1			8	Ka-27 × 1
						3M54						
						P-800		91RT2				
						3M22						

※＋代表目前仍造艦中。 ※僅列入蘇俄內需之造艦數（未包含出口艦）。

■小型飛彈艦／飛彈快艇

計畫編號	設計單位	建造單位	服役艘數	滿載排水量[t]	速率、節[kt]	巡弋飛彈型號	防空系統
小型飛彈艦							
1234	SKB-5	No.5	14	699	35.0	P-120	4K33
		No.602	3				
12341	SKB-5	No.5	15	730	34.0	P-120	4K33
		No.602	4				
12347	SKB-5		1	730	34.0	P-800	4K33
1239	SKB-5	No.340	2	1,083	52.7	P-270	4K33
1240	SKB-5		1	432	61.3	P-120	4K33
		No.340	8+			3M14	
21631	TsKB-340	No.5	0+	949	25.0	3M54	
						P-800	
			3+			3M14	
22800	SKB-5	No.532	0+	870	30.0	3M54	
		No.199	0+			P-800	
飛彈快艇							
183R	SKB-5	No.5	30	81	38.0	P-15	
		No.5	(30)				
		No.602	24				
		No.602	(28)				
205	SKB-5	No.5	68	209	38.5	P-15	
		No.341	64				
		No.602	28				
205U	SKB-5	No.5	19	235	42.0	P-15	
		No.602	13				
205ER	SKB-5	No.341	87	243	42.0	P-15	
206MR	SKB-5	No.363	12	257	43.0	P-15	
1241	SKB-5	No.5	1	469	42.0	P-15	
12411T	SKB-5	No.5	3	469	42.0	P-15	
		No.363	5				
		No.876	4				
12417	SKB-5	No.363	1	495	41.0	P-15	
12411	SKB-5	No.5	1	493	41.0	P-270	
		No.363	10				
		No.876	22				
12421	SKB-5	No.341	1	550	38.0	P-270	
12418	SKB-5	No.341	2+	500	40.0	3M24	
		No.363	2+				

※（　）是以既有艦改造。＋代表目前仍造艦中。

■反潛巡洋艦／航空巡洋艦

計畫編號	設計單位	建造單位	服役艘數	滿載排水量[t]	速率、節[kt]	巡弋飛彈型號	防空系統	反潛飛彈型號	魚雷533mm	配置飛機數
反潛巡洋艦										
1123	TsKB-17	No.444	2	15,280	28.5		M-11	RPK-1	10	Ka-25 × 14
航空巡洋艦										
1143	TsKB-17	No.444	2	41,370	32.5	P-500	M-11	RPK-1	10	Yak-38 × 16
							4K33			Ka-25 × 18
11433	TsKB-17	No.444	1	43,220	32.5	P-500	M-11	RPK-1	10	Yak-38 × 16
							4K33			Ka-27 × 18
11434	TsKB-17	No.444	1	44,490	32.5	P-500	3K95			Yak-38 × 12
										Ka-27 × 22
11435	TsKB-17	No.444	1	61,390	29.0	P-700	3K95			Su-33 × 26
										Ka-27 × 20
										Ka-31 × 4

艦艇用防空系統

型號	設計單位	飛彈設計單位	飛彈製造單位	飛彈型號	飛彈全長[mm]	飛彈直徑[mm]	射程[km]	射高[km]	速度[m/s]	交戰速度[m/s]
艦隊防空用										
M-1	HII-10	OKB-2	No.32	V-600	5,890		14	10	600	600
				V-601	6,093	552	28	18	730	700
M-11	HII-10	OKB-2	No.32	V-611	6,100	655	55	30	800	750
M-22	HII-10	OKB-8	OKB-8	9M38	5,500	400	25	12	1,000	830
S-300F	HII-10	OKB-2	No.41	5V55RM	7,250	508	75	25	2,000	1,300
S-300FM	HII-10	OKB-2	No.41	48N6	7,500	519	150	27	2,100	3,000
9K96	KB-1	OKB-2	No.41	9M96	5,600	240	150	30	2,100	4,800
自艦防空用										
4K33	HII-10	OKB-2	No.32	9M33	3,158	206	15	4	500	420
3K95	HII-10	OKB-2	No.32	9M330-2	2,890	230	12	6	800	700

反潛飛彈

型號	設計單位	製造單位	飛彈型號	飛彈全長[mm]	飛彈直徑[mm]	射程[km]	搭載彈頭
水面艦艇用							
RPK-1	TsKB-1	SKB-203	82R	6,000	540	28	核彈頭
URPK-3/-4	OKB-155-1	No.256	85R	7,400	540	55	導引魚雷
URK-5	OKB-155-1	No.256	85RU	7,200	570	90	導引魚雷
魚雷管發射飛彈							
RPK-2	OKB-8	OKB-8	81R	7,600	533	35	核彈頭
			81RT	8,200	650		核彈頭
RPK-6	OKB-8	OKB-8	83R	8,200	533	50	導引魚雷
			84R				核彈頭
RPK-7	OKB-8	OKB-8	86R	11,000	650	100	導引魚雷
			88R				核彈頭
口徑飛彈							
3K14	OKB-8	OKB-8	91R	7,650	533	50	導引魚雷
			91RT	6,200	533	40	導引魚雷

俄羅斯聯邦軍編制一覽（2021年2月）

洲際彈道飛彈部隊編制

第27近衛火箭軍［弗拉基米爾Valdamarr］

第7近衛火箭師（Vypolzovo）

第41火箭團　RS-24　移動式發射器×9
第510火箭團　RT-2PM　移動式發射器×9

第14火箭師（約什卡歐拉Yoshkar-Ola）

第290火箭團　RS-24　移動式發射器×9
第697火箭團　RS-24　移動式發射器×9
第779火箭團　RS-24　移動式發射器×9

第28近衛火箭師（科澤利斯克Kozelsk）

第74火箭團　RS-24　發射井×10
第168火箭團　RS-24　發射井×10

第54近衛火箭師（捷伊科沃Teykovo）

第235火箭團　RT-2PM2　移動式發射器×9
第285火箭團　RS-24　移動式發射器×9
第321火箭團　RT-2PM2　移動式發射器×9
第773火箭團　RS-24　移動式發射器×9

第60火箭師（塔基謝沃Tatischevo）

第31火箭團　RT-2PM2　發射井×10
第86火箭團　RT-2PM2　發射井×10
第104火箭團　RT-2PM2　發射井×10
第122火箭團　RT-2PM2　發射井×10
第165火箭團　RT-2PM2　發射井×10
第626火箭團　UR-100N UTTKh　發射井×10（預備用）
第649火箭團　UR-100N UTTKh　發射井×10（預備用）
第687火箭團　RT-2PM2　發射井×10

第31火箭軍［奧倫堡Orenburg］

第13火箭師（Dombarovsky）

第494？火箭團　UR-100N UTTKh　發射井×10（先鋒彈頭）

（※下述4支團仍有3支服役中）

第175火箭團　RT-36M2　發射井×6

第206火箭團　RT-36M2　發射井×6

第368火箭團　RT-36M2　發射井×6

第767火箭團　RT-36M2　發射井×6

第42火箭師（下塔吉爾Nizhny Tagil）

第142火箭團　RS-24　移動式發射器×9

第433火箭團　RS-24　移動式發射器×9

第804火箭團　RS-24　移動式發射器×9

第33近衛火箭軍［鄂木斯克Omsk］

第29近衛火箭師（伊爾庫次克Irkutsk）

第92火箭團　RS-24　移動式發射器×9

第344火箭團　RS-24　移動式發射器×9

第586火箭團　RS-24　移動式發射器×9

第35火箭師（巴爾瑙Barnaul）

第307火箭團　RT-2PM　移動式發射器×9

第479火箭團　RS-24　移動式發射器×9

第480火箭團　RT-2PM　移動式發射器×9

第867火箭團　RT-2PM　移動式發射器×9

第39近衛火箭師（Pashino）

第357火箭團　RS-24　移動式發射器×9

第382火箭團　RS-24　移動式發射器×9

第428火箭團　RS-24　移動式發射器×9

第62火箭師（烏如爾Uzhur）

第229火箭團　R-36M2　發射井×6

第269火箭團　R-36M2　發射井×6

第302火箭團　R-36M2　發射井×6

第735火箭團　R-36M2　發射井×10

彈道飛彈潛艦部隊編制

北北方艦隊［加吉耶沃Gadzhiyevo潛艦部隊］

第12潛艦戰隊

第18潛艦師（扎帕德納亞利特薩）

941UM型重型彈道飛彈潛艦

TK-208德米特里・頓斯科伊號（Dmitry Donskoy，測試艦）

941型重型彈道飛彈潛艦

TK-17阿爾漢格爾斯克號（Arkhangelsk，預備艦）

TK-20謝韋爾號（Severstal，預備艦）

第31潛艦師（加吉耶沃Gadzhiyevo）

667BRDM型彈道飛彈潛艦

K-18 Karelia號

K-51 Verkhoturye號

K-84 Ekaterinburg號

K-114 Tula號

K-117 Bryansk號（維護中）

K-407 Novomoskovsk號

955型彈道飛彈潛艦

K-535尤里・多爾戈魯基號（Yury Dolgorukiy）

955A型彈道飛彈潛艦

K-549弗拉基米爾大公號（Knyaz Vladimir）

太平洋艦隊［維柳欽斯克Vilyuchinsk潛艦部隊］

第16潛艦戰隊

第25潛艦師（盧比奇）

667BRD型彈道飛彈潛艦

K-44梁贊號（Ryazan）

955型彈道飛彈潛艦

K-550亞歷山大・涅夫斯基號（Aleksandr Nevskiy）

K-551弗拉基米爾・莫諾馬赫號（Vladimir Monomakh）

通用型潛艦／巡弋飛彈潛艦部隊編制

北方艦隊

第11潛艦戰隊（扎奧焦爾斯克Zaozyorsk）

第7潛艦師（維佳耶沃）

945型潛艦

B-239 Carp號（待整改）

B-276柯斯特羅曼號（Kostroma）（待整改）

945A型潛艦

B-336 Pskov號

B-534 Nizhniy Novgorod號

671RTMK型潛艦

B-448 Tambov號（整改中）

第11潛艦師（扎帕德納亞利特薩）

949A型巡弋飛彈潛艦

K-119 Voronezh號

K-266 Orel號

K-410 Smolensk號

671RTMK型潛艦

B-138 Obninsk號

第12潛艦戰隊（加吉耶沃）

第24潛艦師（加吉耶沃）

971型潛艦

K-154 Tigr號（整改中）

K-157 Vepr號

K-317 Pantera號

K-328 Leopard號（整改中）

K-335 Gepard號

K-461 Volk號（整改中）

基洛各軍科聯合小艦隊（波利亞爾內）

第161潛艦旅（波利亞爾內）

877型潛艦

B-177 Lipetsk號
B-459 Vladikavkaz號
B-471 Magnitogorsk號
B-800 Kaluga號
B-808 Yaroslavl 號（整改中）
677型潛艦
B-585 聖彼得堡號

波羅的海艦隊

列寧格勒海軍基地（喀朗施塔得）
第123獨立潛艦大隊（喀朗施塔得）
877EKM型潛艦
B-806 迪米特洛夫號（Dimitrov）
636型潛艦
B-274 堪察加・彼得巴甫洛夫斯克號（Petropavlovsk-Kamchatskiy）

黑海艦隊

第4潛艦旅（新羅西斯克）
877V型潛艦
B-871 阿爾羅薩號（Alrosa，整改中）
636型潛艦
B-261 新羅西斯克號（Novorossiysk）
B-237 Rostov-na-donu 號（定期維護中）
B-262 Staryy Oskol號
B-265 Krasnodar號（定期維護中）
B-268 Velikiy Novgorod號
B-271 Kolpino號

太平洋艦隊

第16潛艦戰隊（維柳欽斯克）
第10潛艦師（盧比奇）
949A型巡弋飛彈潛艦
K-132 Irkutsk號（整改中）
K-150 Tomsk號
K-186 Omsk號
K-442 Chelyabinsk號（整改中）
K-456 Tver號
971型潛艦
K-295 Samara號（整改中）
K-331 Magadan號（整改中）
K-391 Bratsk號（整改中）
K-419 Kuzbass號
第19潛艦旅（海參崴）
877型潛艦
B-187 Komsomolsk-na-Amure號
B-190 Krasnokamensk號
B-345 Mogocha號
B-394 Komsomolets Tajikistana號
B-464 Ust'-Kamchatsk號
B-494 Ust'-Bolsheretsk號
636型潛艦
B-603 Volkhov號

水面戰艦編制

北方艦隊

第43飛彈艦師（北莫爾斯克）

11442型重型核動力飛彈巡洋艦
彼得大帝號（Pyotr Velikiy，旗艦）
納希莫夫海軍上將號（整改中）
11435型重型航空巡洋艦
庫茲涅索夫海軍上將號
1164型飛彈巡洋艦
烏斯季諾夫海軍上將號
（Marshal Ustinov）
956型艦隊魚雷艇
烏沙科夫海軍上將號
（Admiral Ushakov）
22350型巡洋艦
戈爾什科夫海軍上將號
（Admiral Gorshkov）

基洛各軍科聯合小艦隊（波利亞爾內）

第14反潛艦旅（北莫爾斯克）
1155型大型反潛艦（巡防艦）
庫拉科夫海軍中將號
（Vice-Admiral Kulakov）
北莫爾斯克號
列夫琴科海軍上將號
（Admiral Levchenko）
哈爾拉莫夫海軍上將號
（Admiral Kharlamov，預備艦）
恰巴年科夫海軍上將號
（Admiral Chabanenko）
第7水域警備艦旅（波利亞爾內）
第141戰術群（奧蘭亞灣Olenya Bay）
1124型小型反潛艦
MPK-14 Monchegorsk號
MPK-59 Snezhnogorsk號
MPK-194 Brest號
MPK-203 Yunga號
第142戰術群（波利亞爾內）
1234型小型飛彈艦
Aysberg號
Rassvyet號

第43獨立水域警備艦大隊（北德文斯克）

小型反潛艦
MPK-7 Onega號
MPK-130 Naryan-Mar號

波羅的海艦隊

第128水面艦艇旅（波羅的斯克）

956型艦隊魚雷艇
Nastoychivy號（旗艦）
11540型警備艦
Neustrashimy號
Yaroslav Mudry號
20380型護衛艦
Steregushchiy號
Soobrazitelnyy號
Boikiy號
Stoikiy號

波羅的斯克海軍基地（波羅的斯克）

第36飛彈快艇旅（波羅的斯克）
第1近衛飛彈快艇大隊
1241型飛彈快艇
R-2 Chuvashiya號
R-47
R-129 Kuznetsk號
R-187 Zarechny號
R-257
R-291 Dimitrovgrad號
R-293 Morshansk號
第106小型飛彈艦大隊
1234型小型飛彈艦
Zyb'號
Geyzer號
Passat號

Liven' 號
21631 型小型飛彈艦
Zelenyy Dol 號
Serpukhov 號
22800 型小型飛彈艦
Mytishchi 號
Sovetsk 號
Odintsovo 號
第 64 水域警備艦旅（波羅的斯克）
第 146 反潛艦戰術群
1331M 型小型反潛艦
MPK-224 Aleksin 號
MPK-227 Kabardino-Balkaria 號
MPK-232 Kalmykiya 號

列寧格勒海軍基地（喀朗施塔得）

第 105 水域警備艦旅（喀朗施塔得）
第 147 戰術群
1331M 型小型反潛艦
MPK-99 Zelenodolsk 號
MPK-192 Urengoy 號
MPK-205 Kazanets 號

黑海艦隊

第 30 水面艦艇師（塞凡堡 Sevastopol）

1164 型飛彈巡洋艦
Moskva 號
1135 型警備艦
Ladnyy 號
Pytlivyy 號
11356R 型巡防艦
格里戈洛維奇上將號
（Admiral Grigorovich）
艾森海軍上將號（Admiral Essen）
馬卡洛夫上將號（Admiral Makarov）

克里米亞海軍基地（塞凡堡）

第 41 飛彈快艇旅（塞凡堡）
第 166 小型飛彈艦大隊
1239 型小型飛彈艦
Bora 號
Samum 號
21631 型小型飛彈艦
Vyshniy Volochyok 號
Orekhovo-Zuyevo 號
Ingushetiya 號
第 295 飛彈快艇大隊
1241 型飛彈快艇
R-60
R-71 Shuya 號
R-109
R-239 Naberezhnye Chelny 號
R-334 Ivanovets 號
第 68 水域警備艦旅（塞凡堡）
第 149 戰術群
1124 型小型反潛艦
MPK-49 Alexandrovets 號
MPK-64 Muromets 號
MPK-218 Suzdalets 號

新羅西斯克海軍基地（新羅西斯克）

第 184 水域警備艦旅（新羅西斯克）
第 181 反潛艦大隊
1124 型小型反潛艦
MPK-199 Kasimov 號
MPK-207 Povorino 號
MPK-217 Eysk 號

裏海區艦隊

第 106 水域警備艦旅（卡斯皮斯克）

第 250 近衛水面艦大隊（卡斯皮斯克）
11661 型警備艦
Tatarstan 號（旗艦）
Dagestan 號
21631 型小型飛彈艦
Grad Sviyazhsk 號
Uglich 號
Veliky Ustyug 號
1241 型飛彈快艇
R-101 Stupinets 號

太平洋艦隊

濱海邊疆區各軍科聯合小艦隊（福基諾）

第36水面艦艇師（福基諾）
1164型飛彈巡洋艦
Varyag號（旗艦）
956型艦隊魚雷艇
Burnyy號（修理中）
Bystryy號
Besstrashny號（預備艦）
20380型護衛艦
Sovershennyy號
Gromkiy號
第44反潛艦旅（海參崴）
1155型大型反潛艦（巡防艦）
沙波什尼科夫海軍上將號
（Marshal Shaposhnikov）
崔布茲上將號（ Admiral Tributs）
維諾葛瑞多夫海軍上將號
（Admiral Vinogradov）
潘迪雷耶夫上將號
（Admiral Panteleyev）
第165水面艦艇旅（海參崴）
第2近衛飛彈快艇大隊
1241型飛彈快艇
R-11
R-14
R-18
R-19
R-20
R-24
R-29
R-79
R-261
R-297
R-298
第11水域警備艦大隊
1124型小型反潛艦
MPK-17 Ust-Ilimsk號
MPK-64 Metel號
MPK-221
Primorskiy komsomolets號
MPK-222 Koreets號
第38獨立水域警備艦大隊
（蘇維埃港Sovetskaya Gavan）
1124型小型反潛艦
MPK-191 Kholmsk號
MPK-214 蘇維埃港號
（Sovetskaya Gavan）

堪察加支隊

第144水域警備艦旅（堪察加・彼得巴甫洛夫斯克）
第117水域警備艦大隊
1124型小型反潛艦
MPK-82
MPK-107
第66小型飛彈艦大隊
1234型小型飛彈艦
Smerch號
Iney號
Moroz號
Razliv號

後記

講解蘇聯主義變遷的名著《力の信奉者ロシア》(暫譯:力量信奉者——俄羅斯,JCA出版),序文的第一句話非常震撼,寫道:「俄羅斯無『安全』二字可言。」不過第一次閱讀的時候,我又重新端看用來指安全的俄文用字「безопасность」,發現有些不對勁。因為這個字是在危險「опасность」的前面放入否定詞「без」,所以句子本身只是在陳述「俄羅斯沒有『不危險』這個字」。其實從「безопасность」的結構,就能徹底洞悉出俄羅斯在歷史上的立場,以及曾經歷過這一切的俄羅斯是如何認知何謂安全保障。

俄羅斯過去曾幾度遭遇大規模侵略,幾乎面臨國家存亡危機。不只是古早時代遭蒙古帝國蹂躪,到了近代,又先後被法國(俄法戰爭)、德國(蘇德戰爭)侵略,就在犧牲了人數比其他國家加總起來更多——大約3,000萬的人民後,俄羅斯終於在蘇德戰爭中獲得勝利,但冷戰卻隨之而來,不得不與無敵強國美國對峙。

其實從歷史一路走來,就不難看出為何俄羅斯會整備龐大的軍備,持續開發各種超級武器,做出從別國眼中看起來「過度防禦」的行為。

接著要特別感謝幾個人,分別是——
幫忙繪製超帥封面的速水螺旋人,
繪製內文許多可愛插畫的サンクマ和EM-Chin,以及綾部編輯。

綾部編輯除了賦予本書出版上市的機會,對於我所提出的各種任性要求也都耐心傾聽,使整本書的架構能讓讀者更容易閱讀,

以及最後——
當然也要感謝願意選購閱讀本書的各位讀者們。

在此真心致上謝意。

多田 將

作者簡介 **多田將**

京都大學理學研究所修畢博士課程　理學博士

高能量加速器研究機構暨基本粒子原子核研究所　副教授

著有《跟著怪咖物理學家一起跳進黑洞！》《跟著怪咖物理學家一起闖入核子實驗室》（以上為聯經出版）、《基本粒子物理超入門》（台灣東販）、《微中子》（世茂）等書。

■插畫師

速水螺旋人　

EM-Chin

蘇聯超級軍武【戰略武器篇】

出　　版／楓樹林出版事業有限公司
地　　址／新北市板橋區信義路163巷3號10樓
郵政劃撥／19907596　楓書坊文化出版社
網　　址／www.maplebook.com.tw
電　　話／02-2957-6096
傳　　真／02-2957-6435
作　　者／多田將
翻　　譯／蔡婷朱
責任編輯／江婉瑄
內文排版／楊亞容
港澳經銷／泛華發行代理有限公司
定　　價／420元
初版日期／2022年6月

國家圖書館出版品預行編目資料

蘇聯超級軍武 戰略武器篇 / 多田將作 ; 蔡婷朱翻譯. -- 初版. -- 新北市 : 楓樹林出版事業有限公司, 2022.06　面 ;　公分

ISBN 978-626-7108-37-6（平裝）

1. 武器 2. 軍事裝備 3. 俄國

595.9　111004839